DEUTSCHE AKADEMIE DER WISSENSCHAFTEN ZU BERLIN

Veröffentlichungen der Sternwarte Babelsberg

Band XIV, Heft 3

MIKROMETERMESSUNGEN VON DOPPELSTERNEN IN DEN JAHREN 1916-1939

DRITTER TEIL: OPTISCHE SYSTEME

bearbeitet von

KARL HEINRICH HINTZE

AKADEMIE-VERLAG · BERLIN

1963

Erschienen im Akademie-Verlag GmbH, Berlin W 8, Leipziger Straße 3—4

Lizenznummer: 202 · 100/488/63
Gesamtherstellung: VEB Druckerei „Thomas Müntzer" Bad Langensalza
Bestellnummer: 2077/10 · ES 18 D 3 · Preis: DM 5,80

EINLEITUNG

Die vorliegende Veröffentlichung der Mikrometermessungen von Doppelsternen in den Jahren 1916—1939 enthält den dritten Teil, die optischen Systeme. An der Beobachtung der optischen Doppelsterne waren die folgenden Beobachter beteiligt: E. Bernewitz † (Btz), J. Dick (d), F. Pavel † (Pav), und G. Struve † (GΣ). Die Art der Anordnung entspricht der in den Veröffentlichungen der Sternwarte Babelsberg Band XIII, Heft 2; nur tritt anstelle der Nummer des Aitken'schen Generalkataloges die entsprechende aus dem Generalkatalog von S. W. Burnham. Die Art der Beobachtung ist in Band XIV, Heft 1 dargelegt.

Frau M. Siebert bin ich für die sorgfältige Anfertigung der Offsetdruckvorlagen sowie Frau M. Hintze für tatkräftige Hilfe bei der Reduktion und Kartierung der Mikrometermessungen und für das Lesen der Korrektur zu großem Dank verpflichtet.

Potsdam-Babelsberg im April 1962.

Karl Heinrich Hintze

BDS	Name	Bb	Ep 1900+	1950.0 α δ	p	s	Bd	t	Auge	Vgr	Bemerkungen
12740 AD	OΣ 547	GΣ	23.865	$00^h02^m.8$ $+45°32'$	$182°16'.8$	$84''.27$	2-1	$+5^h.1$	:	430	unruhig
			.874		182 23.7	84.38	3-1	+ 4.6	..	430	unruhig
			23.870		182 20.2	84.32				2n	
	Br 3212AB	GΣ	21.709	00 04.0 +28 43	251 46.5	162.79	2.	+ 0.6		430	
			.715		251 47.6	162.58	2-1	+ 0.5		430	Uhrwerkstörung
			21.712		251 47.0	162.68				2n	
	Br 3212AC	GΣ	21.709	00 04.0 +28 43	186 33.2	150.09	2-1	+ 1.0		430	
			.715		186 38.8	150.22	2-1	+ 1.4		430	mit hellen Fäden
			21.712		186 36.0	150.16				2n	
		GΣ	23.816		186 50.2	149.89	2	+ 2.1	:	430	mittelmäßig
			.821		186 50.8	150.12	3	+ 2.6	:	430	mit hellen Fäden
			23.818		186 50.5	150.00				2n	
19	HV 32	GΣ	21.709	00 05.8 +28 49	276 44.9	76.83	2-1	+ 1.6		430	sehr unruhig
			.712		276 37.0	77.01	a	+ 1.5		430	
			21.710		276 41.0	76.92				2n	
36	h 1939	d	23.867	00 07.3 +11 08	162 01.3	34.26	2-3	+ 1.5	:	430	brauchbar
			24.047		161 54.0	34.49	3	+ 1.3	:	430	gut
			23.957		161 57.6	34.38				2n	
38	Σ 5	GΣ	25.748	00 07.5 +10 52	160 38.7	7.56	1-2	+ 1.4	:	580	zweifelhaft
			.757		161 18.3	7.68	1-2	+ 2.5	..	430	wenig sicher
			.786		160 57.1	7.91	1-2	+ 1.8	:	430	sehr unruhig
			25.764		160 58.0	7.72				3n	
118AB	Σ 23	d	23.866	00 14.9 +00 02	313 10.9	4.06	2-1	+ 0.7	..	580	wenig sicher
			24.036		311 34.2	----	1	+ 1.0	..	580	wenig sicher
			.047		311 10.2	3.95	2	+ 1.8	..	580	brauchbar
			.060		311 17.8	3.93	1	+ 1.3	..	580	sehr schwierig
			24.002		311 48.3	3.98				4n	
118AC		GΣ	25.879	00 14.9 +00 02	280 20.1	102.86	2	+ 2.0	..	430	zweifelhaft
144AB	S 384	Btz	21.767	00 17.4 +37 57	19 21.1	74.90	3	- 0.3	:	430	
		GΣ	21.786		19 10.7	74.96	1-2	- 0.3	:	430	sehr schwierig
165AB	Σ 27	GΣ	21.767	00 19.8 +13 12	329 18.9	28.80	2-3	+ 0.1	:	430	wenig sicher
			.775		329 15.6	29.12	3	+ 0.2	:	430	
			21.771		329 17.2	28.96				2n	
		d	22.862		330 54.4	28.93	3	+ 1.2	:	430	schwierig
			23.828		329 51.1	28.89	3-2	- 0.6	:	430	brauchbar
			.864		330 25.9	29.12	1	+ 0.8	:	430	sehr schwierig
			23.518		330 23.8	28.98				3n	
239AC	β 1095	GΣ	24.867	00 27.5 +29 29	130 07.2	141.35	2	+ 1.1	..	430	schwierig
			.898		130 10.6	141.40	2-3	+ 2.0	..	430	brauchbar
			24.882		130 08.9	141.38				2n	
248	Σ 32	Btz	21.786	00 28.2 +15 46	102 37.4	21.12	1	- 0.1	..	430	
		GΣ	21.791		103 04.9	20.69	3	+ 0.2	..	430	
274AB	Σ 36	Btz	21.767	00 29.8 +06 41	82 49.6	27.68	1	+ 0.4	..	430	
			.772		82 54.4	27.60	4	+ 0.3	..	430	
			21.770		82 52.0	27.64				2n	
		GΣ	21.786		82 27.6	27.55	1	+ 0.3	..	430	schwierig
		Pav	19.705		82 34.2	27.84	2	- 0.9	..	430	
274AC		Btz	21.786	00 29.8 +06 41	226 40.7	165.43	1	+ 0.6		430	sehr schwierig
		GΣ	22.764		226 31.7	165.05	2	+ 0.1		430	Wolken
275	h 1982	GΣ	25.805	00 30.0 +20 01	301 51.2	44.99	1	+ 0.6	..	430	unsicher
			26.017		302 19.8	44.95	2	+ 1.7	..	430	unruhig, schwierig
			25.911		302 05.5	44.97				2n	

BDS	Name		Bb	Ep 1900+	1950.0 α	δ	p	s	Bd	t	Auge	Vgr	Bemerkungen
322AB	Σ	42	GΣ	23.821	$00^h33^m.4$	$+29°44'$	$27°02'.8$	$6''.09$	3	$+3^h.3$	:	430	recht sicher
				.863			27 27.2	6.09	1	+ 2.6	:	430	sehr schwierig
				23.842			27 15.0	6.09				2n	
			d	23.820			28 41.6	5.95	2	+ 2.6	:	580	brauchbar
				.826			28 38.9	6.02	2-3	+ 1.9	:	430	mittelmäßig
				23.823			28 40.2	5.98				2n	
322AC			GΣ	23.819	00 33.4	+29 44	214 59.5	30.62	2-1	+ 2.3	:	430	mittelmäßig
				.821			214 44.3	-----	2-3	+ 3.6	:	430	Wolken
				.824			215 02.4	30.49	2-3	+ 1.8	:	430	zweifelhaft
				23.821			214 55.4	30.56				3n	
329AB	HV	7	GΣ	23.827	00 34.2	+33 27	173 30.3	36.04	2-3	+ 2.4	:	430	brauchbar
				.840			173 51.3	35.88	2	+ 2.8	:	430	brauchbar
				23.834			173 40.8	35.96				2n	
329AC			GΣ	23.827	00 34.2	+33 27	357 08.1	55.37	2	+ 2.8	..	430	zweifelhaft
				.840			357 20.5	55.51	2	+ 3.3	:	430	schwierig
				23.834			357 14.3	55.44				2n	
354	β	491	d	24.904	00 36.6	+30 35	298 36.7	28.43	3	+ 0.8	..	430	recht gut
			GΣ	25.879			298 08.3	29.02	2-3	+ 2.4	..	430	sehr schwach
	Br	58	GΣ	21.786	00 36.7	+20 59	89 23.9	128.20	1	+ 1.0	..	430	schwierig
				.791			89 31.4	128.84	4	+ 1.3	..	430	unsicher
				.797			89 27.0	128.79	3-2	+ 1.9	..	430	
				21.791			89 27.4	128.61				3n	
360	Σ	46	GΣ	23.819	00 37.3	+21 20	194 41.9	6.55	1-2	+ 1.7	:	580	mittelmäßig
				.821			193 59.4	6.56	3	+ 2.6	:	430	mittelmäßig
				23.820			194 20.6	6.56				2n	
			d	23.820			194 08.4	6.39	2	+ 1.9	:	580	brauchbar
				.842			194 24.2	6.59	3-2	+ 0.6	:	430	gut
				23.831			194 16.3	6.49				2n	
363AB	Σ	47	GΣ	21.797	00 37.7	+23 47	205 05.0	16.82	4-5	+ 1.0	:	430	
				.800			205 09.9	16.60	1	+ 1.5	:	430	unsicher
				22.837			205 17.4	16.61	2	+ 2.7	:	430	mittelmäßig
				22.145			205 10.8	16.68				3n	
363AC			Btz	21.797	00 37.7	+23 47	230 19.4	43.37	4-5	+ 1.3	:	430	
			GΣ	22.837			230 46.2	43.90	2	+ 2.3	:	430	mittelmäßig
426AE	Σ	60	Btz	19.746	00 46.1	+57 33	119 58.8	193.75	1	+ 1.9	:	430	
				.795			119 59.4	193.67	1-2	+ 1.7	:	430	
				.806			119 55.8	193.51	1	+ 1.9	:	430	
				.826			119 57.6	193.62	1-2	+ 1.8	:	430	
				19.793			119 57.9	193.64				4n	
			Btz	21.110			119 58.8	192.00	2-4	+ 2.6	:	430	wechselnd
				.112			120 00.0	192.01	2-1	+ 3.1	:	430	
				21.111			119 59.4	192.00				2n	
			GΣ	21.772			120 05.4	190.93	1	+ 1.3	:	430	
				.871			120 03.6	190.97	2	+ 2.9	:	430	
				21.822			120 04.5	190.95				2n	
439	Σ	61	GΣ	25.748	00 47.2	+27 26	116 44.6	4.37	1	+ 1.5	..	580	sehr unruhig
				.757			116 49.5	4.51	2-1	+ 0.2	..	580	sehr unsicher
				.786			116 36.0	4.49	2-1	+ 2.1	..	430	brauchbar
				25.764			116 43.4	4.46				3n	
458AB	β	497	GΣ	22.816	00 50.1	+60 51	170 58.0	129.49	3	+ 2.1	:	430	recht sicher
				.881			170 58.7	129.64	1-2	+ 2.3	..	430	brauchbar
				22.848			170 58.4	129.56				2n	
458AD			GΣ	22.816	00 50.1	+60 51	143 13.5	93.46	2-3	+ 2.4	:	430	recht sicher
				.881			143 07.2	92.98	2-1	+ 2.8	..	430	mittelmäßig
				22.848			143 10.4	93.22				2n	
458AE			GΣ	22.881	00 50.1	+60 51	39 00.1	130.34	1-2	+ 3.4	:	430	mittelmäßig

BDS	Name	Bb	Ep 1900+	1950.0 α δ	p	s	Bd	t	Auge	Vgr	Bemerkungen
	La. 1532	GΣ	24.881 .898 24.890	00h52m.3 +23°50'	214°47'.4 214 43.2 214 45.3	58".10 58.07 58.08	2 3-2	+ 1h.8 + 2.5	: :	430 430 2n	mittelmäßig brauchbar
497AB	h 1057	GΣ	24.032 25.882 24.957	00 54.0 +38 14	306 56.9 306 24.6 306 40.8	41.96 42.49 42.22	2 3-4	+ 3.0 + 3.6	.. ..	430 430 2n	wenig sicher schwierig
497AC		GΣ	24.032 25.882 24.957	00 54.0 +38 14	126 05.3 126 57.8 126 31.6	34.56 33.88 34.22	2-1 3-4	+ 2.1 + 2.9	.. ..	430 430 2n	schwierig recht sicher
519AB	Σ 80	GΣ	26.030	00 56.8 +00 31	325 08.2	22.86	1-2	+ 2.2	..	430	Wolken; brauchbar
553AB	Σ 84	GΣ	21.718 .720 21.719	01 01.2 +01 06	254 00.7 253 43.3 253 52.0	16.22 16.05 16.14	2 2-3	+ 0.6 + 0.0	.. ..	430 430 2n	unruhig brauchbar
553AC		GΣ	21.718 .720 21.719	01 01.2 +01 06	282 30.8 282 33.5 282 32.2	222.76 223.03 222.90	2 2	+ 1.2 + 0.6	.. ..	430 430 2n	sehr schwierig schwierig
574AB	Σ 90	GΣ	21.761	01 03.2 +04 39	82 47.2	33.08	1-2	- 0.1	..	430	sehr unruhig
		Btz	21.764		82 57.8	33.08	3-4	+ 0.8	..	430	
574AC		Btz	21.761		286 26.4	151.94	1	+ 0.3	..	430	schwierig
		GΣ	21.764		286 34.5	152.57	2-3	+ 0.5	..	430	sehr schwierig
573AB	S 393	GΣ	21.767 .770 21.768	01 03.4 +31 55	293 53.2 294 04.1 293 58.6	56.81 56.98 56.90	3-2 4	+ 1.7 + 1.7	.. ..	430 430 2n	sehr unruhig sicher
573AC		GΣ	21.767 .770 .791 .797 21.781	01 03.4 +31 55	233 41.8 233 42.5 233 41.7 233 41.0 233 41.8	139.34 ---- 139.02 139.17 139.18	2 4 3-4 1-2	+ 2.3 + 2.1 + 1.6 + 2.8	: : : :	430 430 430 430 4n	 Wolken Uhrwerksstörung schwierig
	GC 1360	d	24.121 .134 24.128	01 04.9 +54 41	234 34.5 234 36.1 234 35.3	210.45 210.50 210.48	2 2-3	+ 3.8 + 3.2	: :	430 260 2n	mittelmäßig gut
		GΣ	24.134		234 42.9	210.83	3-4	+ 3.8	:	260	recht sicher
	Br 136	Btz	21.800	01 05.8 +05 23	128 05.6	161.82	3	+ 0.3	..	430	sehr wechselnd
		GΣ	22.862 23.051 22.956		128 07.1 128 06.4 128 06.8	161.86 162.03 161.94	2-1 1-2	+ 1.8 + 3.0	.. ..	430 430 2n	schwierig schwierig
		d	23.795 .864 23.830		127 54.8 127 51.3 127 53.0	162.24 162.28 162.26	3 1	- 0.5 + 0.7	.. ..	430 430 2n	gut schwierig
614AB	β 235	GΣ	24.134 .859 24.496	01 07.6 +50 45	286 08.0 286 08.0 286 08.0	44.06 44.34 44.20	2-3 1-2	+ 5.1 + 0.8	: :	430 430 2n	brauchbar unsicher
614AC	OΣ(App12)	GΣ	24.134 .859 24.496	01 07.6 +50 45	67 35.0 67 54.9 67 45.0	59.55 59.61 59.58	2 1-2	+ 4.5 + 3.6	: :	430 430 2n	recht sicher unsicher
		GΣ	32.724		68 09.0	59.35	4-3	+ 3.2	:	430	recht sicher
614Cc	OΣ 24	GΣ	24.134	01 07.6 +50 45	48 08.1	7.95	2	+ 5.5	:	430	brauchbar
	GC 1424	d	24.121 .132 24.126	01 08.0 +54 53	135 49.5 135 47.2 135 48.4	142.58 142.79 142.68	2 3	+ 4.5 + 3.6	.. ..	430 430 2n	brauchbar brauchbar
626	h 634	GΣ	25.805 .860 25.832	01 08.3 +09 17	255 13.4 255 22.8 255 18.1	41.03 41.13 41.08	1 1-2	+ 0.8 + 2.1	.. ..	430 430 2n	schwierig schwierig

BDS	Name	Bb	Ep 1900+	1950.0 α	δ	p	s	Bd	t	Auge	Vgr	Bemerkungen
648Ab	Σ 100	GΣ	21.715	$01^h11^m.1$	+07°14'	63°36'.0	23".52	1-2	+ $1^h.0$	..	430	
			.720			63 26.8	23.52	3	+ 1.1	..	430	recht gut
			21.718			63 31.4	23.52				2n	
		d	23.045			63 17.7	23.77	1	- 0.1	..	430	schwierig
			.050			63 21.2	23.79	1-2	- 0.2	..	430	gut
			23.048			63 19.4	23.78				2n	
655	Σ 3AppI	GΣ	22.862	01 11.9	-08 12	330 55.9	49.69	2-1	+ 1.0	:	430	gut
			.881			331 15.9	49.50	1	+ 1.2	:	430	mittelmäßig
			22.872			331 05.9	49.60				2n	
	La 2387	d	24.901	01 16.5	-09 10	57 41.2	170.09	2-3	+ 0.8	..	430	brauchbar
			25.060			57 35.0	170.03	3	+ 0.6	..	430	recht gut
			24.980			57 38.1	170.06				2n	
740	h 1079	GΣ	24.857	01 21.5	-08 15	297 26.4	84.57	1	+ 1.2	..	430	schlecht
			.867			297 40.1	84.70	2-1	+ 1.0	..	430	schwierig
			24.862			297 33.2	84.64				2n	
732AC	HV 83	d	24.137	01 22.4	+67 52	111 25.8	25.56	4-5	+ 2.9	:	580	gut
			.162			111 25.9	26.18	1	+ 4.4	:	580	sehr schwierig
			.176			111 17.3	25.70	4-5	+ 4.2	:	580	sicher
			24.158			111 23.0	25.81				3n	
732CD	Σ 117	d	24.137	01 22.4	+67 52	253 22.7	3.00	4	+ 3.4	:	580	gut
			.176			252 36.3	3.00	4-3	+ 4.6	:	580	gut
			24.156			252 59.5	3.00				2n	
761	Σ 125	GΣ	23.688	01 24.4	-00 25	339 11.4	49.17	1	+ 0.6	:	430	unsicher
			.701			338 56.6	49.26	2-1	0	:	430	mittelmäßig
			23.694			339 04.0	49.22				2n	
758AC	β 999	GΣ	24.859	01 24.7	+45 09	110 45.6	119.11	2-1	+ 2.1	..	260	mittelmäßig
			25.789			110 50.8	118.80	2-3	- 0.2	:	430	brauchbar
			25.324			110 48.2	118.96				2n	
758CD	β 82	GΣ	25.789	01 24.7	+45 09	138 14.2	4.75	2	+ 0.6	:	430	brauchbar
773AC	Ho 9	GΣ	24.881	01 26.4	+21 28	73 18.4	79.96	2	+ 1.9	:	430	schwierig
			.898			73 20.7	79.93	3	+ 2.5	..	430	gut
			.906			73 30.8	80.03	2	+ 0.9	..	430	mittelmäßig
			24.895			73 23.3	79.97				3n	
		d	24.902			73 23.4	79.83	3-4	+ 1.2	..	430	gut
	GC 1819AB	GΣ	23.701	01 27.5	+05 53	300 59.6	186.31	1	+ 0.7	..	430	wenig sicher
			.816			301 10.1	186.66	1	+ 1.5	..	430	unsicher
			.827			301 05.0	186.78	1-2	+ 0.5	..	430	schwierig
			23.781			301 04.9	186.58				3n	
	GC 1819BC	GΣ	23.827	01 27.5	+05 53	307 02.6	27.55	2	+ 1.0	..	430	schwierig
			.865			306 55.9	27.48	2-3	+ 1.4	..	430	schwierig
			23.846			306 59.2	27.52				2n	
794AB	Σ 132	GΣ	21.753	01 29.3	+16 42	348 02.5	43.39	3	+ 0.1	:	430	sicher
			.759			347 55.9	43.23	4-3	+ 0.2	:	430	sicher
			21.756			347 59.2	43.31				2n	
794AC		GΣ	21.753	01 29.3	+16 42	231 27.4	68.29	2	+ 0.7	..	430	mittelmäßig
			.759			231 12.0	68.25	3-4	+ 0.5	..	430	sicher
			21.756			231 19.7	68.27				2n	
794AD		GΣ	21.753	01 29.3	+16 42	112 53.7	132.90	3-2	+ 1.3	..	430	brauchbar
			.759			112 51.4	133.04	4	+ 0.8	..	430	sicher
			21.756			112 52.6	132.97				2n	
798AC	Σ 133	d	24.904	01 30.0	+35 35	195 02.1	23.82	2-3	+ 1.2	..	430	recht brauchbar
		GΣ	26.017			194 58.6	24.11	1	+ 1.6	:	430	unsicher
			.080			195 48.6	23.81	3	+ 2.6	:	430	recht gut
			26.048			195 23.6	23.96				2n	
	GC 1948	d	23.987	01 33.9	+41 09	283 14.6	278.10	1-2	+ 4.1	..	260	mittelmäßig
			24.047			283 12.6	278.59	2-3	+ 1.8	..	260	brauchbar
			24.017			283 13.6	278.34				2n	

BDS	Name	Bb	Ep 1900+	1950.0 α	δ	p	s	Bd	t	Auge	Vgr	Bemerkungen
860	Σ 142	GΣ	22.837 .862 22.850	$01^h37^m.2$	$+15^\circ00'$	$2^\circ44'.5$ 2 16.6 2 30.6	$13''.09$ 13.17 13.13	2 2-1	$+ 2^h.2$ + 1.8	: :	430 430 2n	unsicher wechselnd
882AC	h 2071	GΣ	21.797	01 39.8	+20 02	352 38.9	102.62	2	+ 1.5	:	430	mittelmäßig
		GΣ	22.906			352 49.7	103.62	2-1	+ 3.2	:	430	unsicher
		GΣ	23.986			353 04.9	104.20	1-2	+ 2.4	:	430	schwierig
		GΣ	24.076			353 06.0	104.57	2-3	+ 2.0	:	430	brauchbar
1028AB	HV 12	GΣ	21.715 .718 21.716	01 55.1	+23 20	46 37.2 46 36.7 46 37.0	37.37 37.40 37.38	2 2	+ 0.9 + 1.1	: :	430 430 2n	
		d	23.872 .880 23.876			46 49.5 46 41.5 46 45.5	37.60 37.53 37.56	2 3	+ 0.4 0	: :	430 430 2n	wenig sicher gut
1028AC		d	23.880 .891 23.886	01 55.1	+23 20	74 31.5 74 35.0 74 33.2	179.22 179.19 179.20	2 2-1	+ 0.6 + 0.4	.. ..	430 430 2n	gut brauchbar
1028AD		d	23.872 .987 23.930	01 55.1	+23 20	84 25.4 84 21.2 84 23.3	261.36 261.10 261.23	3 2-3	+ 1.4 + 3.0	.. ..	430 260 2n	brauchbar gut
1044	Sh 22	GΣ	22.914 .972 .988 22.958	01 59.9	+77 01	199 29.8 199 27.5 199 24.0 199 27.1	95.65 95.48 95.56 95.56	2-3 2-1 2-1	+ 3.0 + 2.6 + 3.0	.. .. ..	430 430 430 3n	Wolken brauchbar brauchbar
	La 3962AB	d	24.779 .847 24.813	02 07.4	+29 34	172 14.4 172 10.2 172 12.3	99.01 98.92 98.96	2-3 3-4	+ 0.3 - 0.3	: :	430 430 2n	schwierig recht gut
	La 3962AC	d	24.776 .781 24.778	02 07.4	+29 34	0 31.1 0 32.6 0 31.8	162.85 162.75 162.80	3-2 3-2	+ 0.3 + 0.9	: :	430 430 2n	schwierig brauchbar
	La 3962AD	d	24.776 .781 24.778	02 07.4	+29 34	241 44.5 241 46.9 241 45.7	215.62 215.66 215.64	3 3	+ 0.3 + 0.6	.. ..	260 260 2n	recht brauchbar gut
1141	σ 60	GΣ	21.797 .920 21.858	02 10.3	+50 50	68 49.0 68 54.9 68 52.0	127.19 127.47 127.33	2 2-1	+ 2.4 + 1.4	.. ..	430 430 2n	mittelmäßig
1149AB	Σ 230	Btz	21.775	02 10.3	-02 38	231 53.3	16.30	3-4	+ 0.9	..	430	
		GΣ	21.764 23.130 22.447			231 39.7 231 57.5 231 48.6	16.19 16.25 16.22	2 1-2	+ 1.3 + 1.7	: ..	430 430 2n	 nicht sicher
		d	23.091 .796 .867 23.585			232 32.7 231 43.1 232 37.3 232 17.7	15.88 16.43 15.96 16.09	3 2 2-3	+ 0.8 + 1.9 0	.. : ..	430 430 430 3n	Windstörung brauchbar brauchbar
1181	Σ 242 rej.	GΣ	24.857 .867 24.862	02 13.8	-10 03	237 38.9 238 02.6 237 50.8	59.13 59.27 59.20	1 2	+ 1.1 + 1.8	: :	430 430 2n	sehr schwierig wenig sicher
1209AC	H VI 1	GΣ	21.759 .766 21.762	02 16.8	-03 12	77 41.9 77 43.9 77 42.9	117.80 117.78 117.79	4 3-4	+ 1.0 0	.. ..	430 430 2n	
1209AD		GΣ	21.759	02 16.8	-03 12	318 26.0	148.09	3	+ 1.8	:	430	sehr schwierig
		Btz	21.764			318 40.3	148.53	3	+ 0.3	..	430	
1224	Σ 254	GΣ	24.024 .035 .038 24.032	02 18.8	+23 24	354 45.5 353 54.1 354 03.9 354 01.2	12.12 12.05 12.07 12.08	2 2 2-1	+ 0.6 + 2.0 + 0.6	: : :	430 430 430 3n	brauchbar sehr wechselnd brauchbar

BDS	Name	Bb	Ep 1900+	1950.0 α	δ	p	s	Bd	t	Auge	Vgr	Bemerkungen
1289AB	Σ 271	GΣ	24.024	$02^h27^m.6$	+25°01'	181°39'.1	12".49	2	+ 0h.8	:	430	brauchbar
			.035			182 11.3	12.36	1-2	+ 2.3	:	430	unruhig
			.038			181 51.1	12.48	1	+ 1.0	:	430	unruhig
			24.032			181 53.8	12.44				3n	
1289AC		GΣ	25.860	02 27.6	+25 01	33 54.7	112.46	1	+ 1.7	:	430	schwierig
			.879			33 45.9	112.88	2	+ 2.0	:	430	verwaschen
			.901			33 50.5	112.76	1	+ 2.8	:	430	sehr schwierig
			25.880			33 50.4	112.70				3n	
1393AB	Σ 296	Btz	21.794	02 40.8	+49 01	300 35.3	18.06	4-5	+ 1.1	..	430	sicher
		GΣ	21.775			300 21.2	18.13	4	+ 0.8	..	430	gut
			23.004			300 37.1	18.20	1-2	+ 2.1	..	430	schwierig
			22.390			300 29.2	18.16				2n	
		GΣ	24.898			300 48.3	18.43	2	+ 2.1	..	430	brauchbar
1393AC		GΣ	21.775	02 40.8	+49 01	228 35.7	76.68	4-3	+ 1.3	:	430	sicher
			.794			228 40.7	76.81	4	+ 0.8	:	430	sicher
			21.784			228 38.2	76.74				2n	
		GΣ	23.004			228 55.6	76.78	1	+ 2.7	:	430	unsicher
		GΣ	24.857			229 10.1	77.11	1	+ 1.5	:	430	schlecht
			.898			229 16.1	77.30	2	+ 2.5	:	430	wenig sicher
			24.878			229 13.1	77.20				2n	
1398AC	β 306	GΣ	25.841	02 41.0	+25 26	90 19.0	50.18	2-3	- 0.1	..	430	Wolken
			.879			90 02.9	50.25	2	+ 2.6	..	430	sehr schwierig
			25.860			90 11.0	50.22				2n	
	FK_3 98 GC 3309	GΣ	24.846	02 42.2	+09 54	350 24.9	151.09	3-2	+ 0.2	:	430	brauchbar
			.867			350 19.9	151.35	2-1	+ 1.1	:	430	mittelmäßig
			24.856			350 22.4	151.22				2n	
1440AB	Σ 307	GΣ	22.972	02 47.0	+55 41	301 49.4	28.55	2-1	+ 2.5	:	430	brauchbar
			.977			301 05.6	28.52	3-2	+ 3.1	:	430	gut
			22.974			301 27.5	28.54				2n	
		d	22.881			300 36.2	28.53	2-1	+ 2.5	:	430	brauchbar
			.952			301 07.3	28.08	1	+ 4.1	..	430	mittelmäßig
			22.917			300 51.8	28.30				2n	
1440AC		GΣ	22.972	02 47.0	+55 41	269 06.8	67.49	1	+ 3.0	:	430	sehr schwierig
			.977			269 18.8	66.83	2-1	+ 3.5	:	430	unsicher
			22.974			269 12.8	67.16				2n	
		d	22.881			268 57.0	67.53	1	+ 3.2	:	430	schwierig
			.953			268 37.0	67.72	2-3	+ 4.9	:	430	mittelmäßig
			22.917			268 47.0	67.62				2n	
1450AB	OΣ 47rej.	GΣ	21.791	02 47.0	+27 03	276 49.0	24.78	2	+ 0.9	..	430	Uhrwerksstörung
			.912			277 22.5	24.73	2	+ 0.5	..	430	Dunst
			21.852			277 05.8	24.76				2n	
		d	22.799			277 52.1	24.09	2	+ 0.8	..	430	gut
			24.025			277 39.6	24.70	2	+ 1.0	..	430	gut
			.104			277 14.8	24.78	1	+ 2.2	..	430	gut
			23.643			277 35.5	24.52				3n	
1450AC	HV 116	GΣ	21.791	02 47.0	+27 03	212 39.4	31.31	2-3	+ 1.4	:	430	Uhrwerksstörung
			.909			212 46.3	31.41	2	+ 1.3	:	430	schwierig
			21.850			212 42.8	31.36				2n	
		d	22.799			212 25.6	31.01	1-2	+ 2.0	:	430	brauchbar
			24.025			213 00.1	30.96	2-1	+ 1.6	:	430	brauchbar
			.105			212 56.3	31.19	2	+ 2.5	:	430	gut
			23.643			212 47.3	31.05				3n	
1450AD	H VI 5	GΣ	21.791	02 47.0	+27 03	232 25.0	124.87	2	+ 2.3	:	430	Uhrwerksstörung
			.920			232 30.7	124.88	2-1	+ 1.5	:	430	unruhig
			21.856			232 27.8	124.88				2n	

BDS	Name	Bb	Ep 1900+	1950.0 α δ	p	s	Bd	t	Auge	Vgr	Bemerkungen
		d	22.799		232°14'.9	125".12	1	+ 3^h.0	:	430	gut
			24.025		232 18.3	124.72	1	+ 2.3	:	430	mittelmäßig
			.105		232 19.5	124.85	1	+ 3.3	:	430	mittelmäßig
			23.643		232 17.6	124.90				3n	
	Br 394	d	24.077	02^{h}47^m.4 +38°06'	145 52.7	249.32	3-4	+ 2.5	..	260	sicher
			.107		145 55.2	249.37	3	+ 0.7	..	260	sicher
			24.092		145 54.0	249.34				2n	
1487	Σ 325	d	24.902	02 52.7 +34 17	175 54.5	11.89	3	+ 0.1	:	430	mittelmäßig
			25.035		175 15.4	11.58	3-4	+ 0.8	:	430	recht gut
			24.968		175 35.0	11.74				2n	
1565AD	β 526	d	24.184	03 04.9 +40 46	192 19.2	81.91	2	+ 4.2	:	430	gut
			.192		192 26.3	81.94	2-1	+ 4.1	:	430	schwierig
			24.188		192 22.8	81 92				2n	
		GΣ	24.903		192 45.0	82.24	2-3	+ 1.0	:	430	mittelmäßig
			25.058		192 41.3	82.20	1-2	+ 3.1	:	430	schwierig
			24.980		192 43.2	82.22				2n	
	Br 463	d	22.887	03 16.7 +03 11	157 49.9	268.62	2-1	+ 0.8	:	260	
			23.024		157 39.3	269.01	1-2	+ 0.2	:	260	sehr schwierig
			22.956		157 44.6	268.82				2n	
		GΣ	23.840		158 00.3	268.72	2-3	+ 1.6	:	260	zweifelhaft
			.846		157 53.4	268.60	4	+ 0.3	:	260	sehr gut
			.865		157 58.4	268.77	3-2	+ 0.4	:	260	sicher
			23.850		157 57.4	268.70				3n	
	FK_3 120	d	24.198	03 20.7 +49 41	196 02.9	167.19	3	+ 4.2	:	260	schwierig
			.228		196 00.4	166.24	4	+ 4.9	:	430	brauchbar
	GC 4041		.244		196 13.7	166.44	2-4	+ 5.5	:	260	recht gut
			24.223		196 05.7	166.62				3n	
1729	OΣ 56 rej	d	24.184	03 28.0 +47 42	352 03.4	27.00	1-2	+ 2.4	:	430	schwierig
			.189		351 56.1	26.82	3-4	+ 2.6	:	430	gut
			24.186		351 59.8	26.91				2n	
1761AB-C	Σ 412	GΣ	23.863	03 31.5 +24 18	58 31.7	22.11	1	+ 0.2	:	430	unsicher
			.865		58 34.5	22.29	2-1	+ 0.4	:	430	brauchbar
			23.864		58 33.1	22.20				2n	
1787	Σ 422	GΣ	25.757	03 34.2 +00 26	253 15.8	6.50	2-1	- 0.4	..	430	wenig sicher
			.789		253 59.4	6.54	1-2	- 0.6	..	430	schwierig
			25.773		253 37.6	6.52				2n	
1821	Σ 436	d	24.121	03 38.5 -12 46	236 27.2	38.74	2-3	+ 0.4	..	430	brauchbar
			.132		236 22.0	38.61	3	+ 0.4	..	430	brauchbar
			24.126		236 24.6	38.68				2n	
1818	Σ 431	GΣ	22.952	03 39.2 +33 48	237 54.2	20.07	2	+ 0.8	..	430	brauchbar
			.988		238 10.1	20.05	2-1	+ 2.0	:	430	Wolken
			22.970		238 02.2	20.06				2n	
	FK_3 131	d	24.192	03 39.4 +47 38	312 41.0	99.97	1-2	+ 4.2	..	430	schwierig
	GC 4427		.197		312 35.8	100.05	2-1	+ 3.0	..	430	gut
			24.194		312 38.4	100.01				2n	
	La 6772	GΣ	24.032	03 40.3 +42 27	284 24.4	53.99	2-1	+ 2.9	:	430	brauchbar
			.035		284 19.9	54.19	1	+ 1.8	:	430	unsicher
			.073		284 19.7	54.13	3-4	+ 1.6	:	430	recht sicher
			24.047		284 21.3	54.10				3n	
	FK_3 134AB	GΣ	24.073	03 41.8 +42 25	47 28.2	31.34	3	+ 2.3	:	430	sicher
	GC 4474AB		.076		47 08.3	---	3-2	+ 0.6	:	430	Distanz nicht meßbar
			.131		47 03.1	31.33	2-1	+ 2.6	:	430	mittelmäßig
			24.093		47 13.2	31.34				3n	
	FK_3 134AC	GΣ	24.073	03 41.8 +42 25	186 20.7	54.94	3	+ 3.1	:	430	brauchbar
	GC 4474AC		.076		186 26.3	54.97	2-3	+ 1.0	:	430	schwierig
			.131		186 21.1	55.01	1-2	+ 3.4	:	430	sehr schwierig
			24.093		186 22.7	54.97				3n	
	GC 4481AC	GΣ	24.846	03 42.0 -01 19	186 27.7	84.37	2-3	+ 0.2	:	430	mittelmäßig

BDS	Name	Bb	Ep 1900+	1950.0 α δ	p	s	Bd	t	Auge	Vgr	Bemerkungen
1848	h 3251	GΣ	24.903 25.789 .934 25.542	$03^h42^m.2$ $+24^\circ19'$	$329^\circ32'.7$ 329 27.2 329 19.7 329 26.5	$69''.05$ 68.69 68.68 68.81	2 1 2-1	$+1^h.0$ - 0.2 - 0.3	: : :	430 430 430 3n	mittelmäßig wenig sicher gut
1905	Σ 459	d	24.184 .189 24.186	03 47.9 +29 30	333 06.0 333 00.8 333 03.4	19.08 19.23 19.16	2 3	+ 2.8 + 2.8	.. ..	430 430 2n	brauchbar gut
	Br 536	GΣ	21.731 .739 .753 21.741	03 49.6 -01 18	153 43.1 153 40.9 153 43.3 153 42.4	95.80 95.88 95.91 95.86	2 5 1-2	- 0.3 - 0.6 + 0.3	: : :	430 430 430 3n	sehr unruhig hervorragend unsicher
1921AB	Σ 464	GΣ	24.867 .898 24.882	03 51.0 +31 44	207 57.9 207 50.8 207 54.4	12.86 13.06 12.96	1-2 3	+ 0.6 + 1.9	: :	430 430 2n	sehr schwierig mittelmäßig
1921AC		GΣ	24.867 .898 24.882	03 51.0 +31 44	286 52.6 286 46.7 286 49.6	33.26 33.19 33.22	2-1 2-1	+ 1.1 + 2.3	.. ..	430 430 2n	schwierig mittelmäßig
1921AD		GΣ	24.867 25.055 24.961	03 51.0 +31 44	197 00.4 196 55.9 196 58.2	92.49 92.33 92.41	1-2 1	+ 1.5 + 3.0	: :	430 430 2n	mittelmäßig sehr unruhig
1921AE		GΣ	25.055 .058 25.056	03 51.0 +31 44	185 07.8 185 12.3 185 10.0	119.92 119.94 119.93	1 1	+ 3.8 + 3.3	: :	430 430 2n	sehr unruhig schlecht
1933AB	S 440	GΣ	22.881 .887 22.884	03 52.9 +50 33	30 17.8 30 14.7 30 16.2	75.31 75.39 75.35	2-1 2	+ 3.1 + 2.1	: :	430 430 2n	brauchbar recht sicher
1933AC		GΣ	22.881 .887 22.884	03 52.9 +50 33	282 16.2 282 23.7 282 20.0	56.55 56.72 56.64	2-1 2-3	+ 3.8 + 2.7	: :	430 430 2n	sehr schwierig recht sicher
1933AD		GΣ	25.980	03 52.9 +50 33	133 13.3	99.67	2	+ 3.2	..	430	schwierig
1983	Σ 476	d	24.965 25.063 25.014	03 58.2 +38 32	287 05.0 286 54.8 286 59.9	21.74 21.70 21.72	3-2 3-4	+ 1.1 + 1.1	.. ..	430 430 2n	gut gut
		GΣ	25.980 27.103 26.543		287 10.5 287 10.3 287 10.4	21.88 22.03 21.96	2-3 2	+ 2.4 + 0.5	.. ..	430 430 2n	gut
1990AC	Σ 481	GΣ	25.901 .934 25.918	03 59.2 +27 59	325 08.1 325 14.9 325 11.5	16.43 16.44 16.44	1-2 2-3	+ 2.3 - 0.3	.. :	430 430 2n	brauchbar recht sicher
	Br 554AB	GΣ	21.764 .767 21.766	04 01.7 +21 57	189 52.3 189 52.0 189 52.2	137.05 137.22 137.14	4 2-3	+ 0.2 + 0.1	: :	430 430 2n	sicher brauchbar
		d	22.816 24.047 23.432		189 49.8 189 43.8 189 46.8	137.04 136.92 136.98	3 2	- 0.2 0	: :	430 430 2n	gut brauchbar
	Br 554AC	GΣ	21.764 .794 21.779	04 01.7 +21 57	213 02.7 212 59.0 213 00.8	235.11 235.27 235.19	4 5	+ 1.0 + 1.1	: :	430 430 2n	recht sicher sehr sicher
		d	22.816 24.061 23.438		213 04.8 212 52.4 212 58.6	235.22 235.06 235.14	3-2 3	+ 0.4 + 1.5	: :	430 260 2n	schwierig brauchbar
	Br 556AB	GΣ	22.816 .887 22.852	04 02.4 +21 53	1 48.8 1 52.4 1 50.6	170.54 170.46 170.50	2-3 2	+ 1.1 + 0.8	: :	430 430 2n	mittelmäßig mittelmäßig
	Br 556AC	d	24.964	04 02.4 +21 53	21 59.5	144.13	2-3	+ 0.1	:	430	recht brauchbar
	Br 556BC	GΣ	22.816 .887 22.852	04 02.4 +21 53	126 54.2 126 41.7 126 48.0	60.63 60.48 60.56	2-3 2	+ 1.6 + 1.3	.. ..	430 430 2n	mittelmäßig brauchbar

BDS	Name		Bb	Ep 1900+	1950.0 α	δ	p	s	Bd	t	Auge	Vgr	Bemerkungen
2027AC	OΣ	531	GΣ	21.912	$04^h04^m.2$	$+37°57'$	210°22'.7	232".62	2	+ $1^h.2$	:	430	brauchbar
				.917			210 22.6	232.67	4-3	+ 1.3	:	430	gut
				21.914			210 22.6	232.64				2n	
	Br	566	GΣ	21.731	04 08.7	+05 24	41 26.9	124.36	2	+ 0.2	:	430	mittelmäßig
				.759			41 33.3	124.29	2	+ 0.9	:	430	wenig sicher
				.767			41 34.3	----	2-3	+ 0.5	:	430	Wolken
				.772			41 28.5	124.45	2	+ 0.6	:	430	mittelmäßig
				.794			41 31.2	124.41	4-5	+ 0.3	:	430	sehr sicher
				21.765			41 30.8	124.38				5n	
2109AB	Σ	518	GΣ	21.920	04 13.2	-07 41	104 58.4	82.56	1	+ 0.7	..	430	unsicher
				22.862			105 06.5	82.65	2	+ 0.6	..	430	Uhrwerksstörung
				22.391			105 02.4	82.60				2n	
			d	22.818			105 03.0	82.62	3	+ 1.2	..	830	gut
				.862			105 02.1	82.66	2	0	..	430	brauchbar
				24.107			104 48.5	82.35	2	+ 0.9	..	580	mittelmäßig
				.137			104 56.9	82.55	3	+ 1.3	..	580	schwierig
				23.481			104 57.6	82.54				4n	
			Btz	21.107			105 06.6	82.85	2	0	..	430	gut
				.137			104 59.4	82.77	2	+ 1.0	..	430	brauchbar
				21.122			105 03.0	82.81				2n	
2130	Sh	40	GΣ	21.860	04 17.3	+27 14	249 49.7	52.09	1	+ 2.9	..	430	mittelmäßig
				.901			249 08.4	51.71	1	+ 0.5	..	430	sehr schwierig
				21.880			249 29.0	51.90				2n	
2183	H VI	101	GΣ	25.118	04 22.6	+17 49	233 25.5	77.17	2-1	+ 1.6	:	430	schwierig
				.882			233 19.4	77.13	4	+ 0.9	..	430	sicher
				25.500			233 22.4	77.15				2n	
2201	Σ	545	GΣ	24.903	04 24.2	+18 06	57 22.6	18.76	2	+ 1.1	:	430	brauchbar
				25.118			57 21.4	18.86	2	+ 0.9	:	430	brauchbar
				25.010			57 22.0	18.81				2n	
			GΣ	25.860			57 37.0	18.54	1	+ 3.0	:	430	unsicher
				.882			57 40.7	18.84	4	+ 1.4	:	430	sicher
				25.871			57 38.8	18.69				2n	
2266AC	Σ2	AppI	GΣ	23.874	04 33.0	+16 25	33 29.1	121.52	2-1	+ 1.5	:	430	mittelmäßig
				.967			33 24.6	121.82	2-1	+ 2.2	:	430	unsicher
				24.021			33 35.4	121.73	2-1	- 1.1	:	430	Wolken
				.021			33 32.6	121.55	1	+ 2.2	:	430	schwierig
				23.971			33 30.4	121.65				4n	
	Br	663	GΣ	23.004	04 47.1	+06 53	142 09.0	89.99	1	+ 2.4	..	430	mittelmäßig
				.840			142 32.5	89.88	1	+ 0.8	:	430	zweifelhaft
				.863			142 38.2	89.84	0	- 0.4	:	430	unsicher
				.969			142 31.1	89.68	1	+ 1.4	:	430	unsicher
				24.060			142 27.6	89.89	1-2	- 0.3	:	430	zweifelhaft
				23.747			142 27.7	89.86				5n	
	Br	679	GΣ	21.794	04 52.1	+10 04	249 17.6	171.53	5	+ 0.9	..	430	sehr gut
				.854			249 12.3	171.68	1-2	+ 0.3	..	430	schlecht
				21.824			249 15.0	171.60				2n	
2406AC	Σ	610	GΣ	24.137	04 53.3	+53 40	239 41.8	25.90	4	+ 3.2	:	430	sicher
				.232			239 39.5	25.68	4	+ 3.8	:	430	sicher
				24.184			239 40.6	25.79				2n	
2430AB	Σ	613	GΣ	24.903	04 55.2	+44 04	103 01.2	15.53	2	+ 1.2	:	430	brauchbar
				25.118			103 00.3	15.71	2-1	+ 3.2	:	430	mittelmäßig
				25.010			103 00.8	15.62				2n	
2430AC			GΣ	24.903	04 55.2	+44 04	59 58.4	22.90	2	+ 1.6	:	430	schwierig
2495AC	H VI	35	GΣ	22.887	05 02.8	+51 32	61 12.2	89.78	3-4	+ 2.2	:	430	sicher
				.972			61 10.3	89.79	1-2	+ 2.1	:	430	mittelmäßig
				22.930			61 11.2	89.78				2n	
2495AD			GΣ	22.887	05 02.8	+51 32	348 04.4	131.64	3-4	+ 2.8	..	430	sicher
				.972			348 10.6	131.60	1-2	+ 2.6	..	430	brauchbar
				22.930			348 07.5	131.62				2n	

BDS	Name	Bb	Ep 1900+	1950.0 α	δ	p	s	Bd	t	Auge	Vgr	Bemerkungen
	Br 709AB	GΣ	21.928	05h04m.9	+09°25'	266°53'.8	123".83	3	+ 1h.0	..	430	Dunst
			22.862			267 06.1	123.82	2-1	+ 0.8	..	430	brauchbar
			22.988			267 06.8	123.85	2-1	+ 0.6	..	430	brauchbar
			22.593			267 02.2	123.83				3n	
	Br 709AC	GΣ	21.928	05 04.9	+09 25	268 58.6	403.38	3-4	+ 1.6	..	430	schwierig
			22.988			269 03.8	403.61	2	+ 2.1	..	260	mittelmäßig
			22.458			269 01.2	403.50				2n	
2597AF	h 2256	GΣ	22.952	05 13.0	+45 57	143 37.6	141.44	2-3	+ 0.3	:	430	mittelmäßig
			23.004			143 33.8	141.57	1	+ 2.6	..	430	brauchbar
			22.978			143 35.7	141.50				2n	
2627AC	Σ 3 AppII	GΣ	23.874	05 15.6	+40 04	255 54.3	37.28	2-1	+ 3.1	:	430	sehr schwierig
			24.024			256 38.6	37.72	1-3	+ 1.4	:	430	sehr schwierig
			24.032			256 29.4	37.71	2	+ 2.2	:	430	zweifelhaft
			23.947			256 20.8	37.57				3n	
2627AD		GΣ	21.912	05 15.6	+40 04	2 26.0	146.47	2-3	+ 0.7	:	430	
			22.041			2 33.5	146.78	1	+ 3.0	:	430	unsicher
			21.976			2 29.8	146.62				2n	
2627AE		GΣ	21.912	05 15.6	+40 04	210 49.1	92.65	2-1	+ 1.8	:	430	sehr schwierig
			22.041			210 52.5	92.38	1	+ 3.9	:	430	unsicher
			21.976			210 50.8	92.52				2n	
2703	S 478	GΣ	21.860	05 21.5	+17 20	270 41.0	85.27	2-1	+ 1.0	..	430	schwierig
			.901			270 51.8	85.33	1-2	+ 1.4	..	430	schwierig
			23.136			270 53.4	85.72	2-1	+ 0.3	..	430	brauchbar
			22.299			270 48.7	85.44				3n	
2837AE	Σ 748	d	24.061	05 32.8	-05 25	350 10.3	4.32	3	+ 1.2	:	580	brauchbar
			.077			348 56.9	4.62	2-3	+ 0.3	:	580	wenig sicher
			.083			350 52.4	4.32	3	+ 0.7	:	580	sicher
			.105			350 30.5	4.49	2	+ 1.5	:	580	gut
			24.082			350 07.5	4.44				4n	
		d	25.063			350 56.9	4.60	2-3	+ 0.7	:	580	recht gut
2837CF		d	24.061	05 32.8	-05 25	124 40.2	4.34	3-2	+ 1.6	..	580	brauchbar
			.083			121 35.5	4.02	3	+ 0.3	..	580	gut
			24.072			123 07.8	4.18				2n	
		d	25.063			120 19.5	4.17	2	+ 0.2	..	580	recht brauchbar
2902AC	Σ 774	d	24.107	05 38.2	-01 58	9 33.9	57.50	1-2	+ 1.1	:	430	mittelmäßig
			.121			9 29.1	57.52	2	+ 0.5	:	430	brauchbar
			24.114			9 31.5	57.51				2n	
3053AB	S 503	GΣ	21.917	05 53.2	+13 56	324 24.3	23.80	2-3	+ 0.8	..	430	Wolken
			22.241			324 32.9	24.12	2-3	+ 2.0	..	430	Uhrwerksstörung
			22.079			324 28.6	23.96				2n	
		d	23.034			325 29.3	24.73	1	+ 0.3	:	430	brauchbar
			.237			324 32.4	24.75	3	+ 2.1	..	430	sicher
			23.136			325 00.8	24.74				2n	
3053AC		GΣ	23.874	05 53.2	+13 56	252 11.9	9.49	2-1	+ 1.0	..	430	brauchbar
			24.035			252 38.1	9.43	1	+ 0.4	..	430	mittelmäßig
			23.954			252 25.0	9.46				2n	
3053AD		d	24.039	05 53.2	+13 56	334 19.0	257.91	2-3	+ 0.3	:	260	brauchbar
			.077			334 22.3	257.60	2-3	+ 0.5	:	260	brauchbar
			.107			334 19.1	257.70	3	+ 1.5	:	260	sicher
			24.074			334 20.1	257.74				3n	
	Br 852	GΣ	22.972	05 55.4	+54 17	272 26.9	117.13	2-1	+ 2.4	:	430	mittelmäßig
			23.004			272 36.3	117.30	2-1	+ 2.7	:	430	brauchbar
			22.988			272 31.6	117.22				2n	
3064	H VI 88	d	24.135	05 55.9	+44 57	39 51.6	184.73	3	+ 3.4	:	430	gut
			.157			39 55.4	184.90	1	+ 1.2	:	430	schwierig
			24.146			39 53.5	184.82				2n	

BDS	Name	Bb	Ep 1900+	1950.0 α δ	p	s	Bd	t	Auge	Vgr	Bemerkungen
3074AC	OΣ 545	GΣ	24.035	05ʰ56ᵐ.3 +37°13'	295°33'.9	48".96	1	+ 1ʰ.1	..	430	wenig sicher
			.060		295 22.0	48.77	1	+ 1.8	..	580	schwierig
			24.048		295 28.0	48.86				2n	
3074AD		d	24.105	05 56.3 +37 13	349 28.6	130.58	1	+ 2.0	:	430	schwierig
			.108		349 36.7	131.00	2	+ 2.1	:	430	brauchbar
			.121		349 34.7	130.60	1	+ 2.6	:	430	mittelmäßig
			24.111		349 33.3	130.73				3n	
3073AC	H VI 91	GΣ	25.980	05 56.7 +44 35	330 39.4	33.75	1-2	+ 3.2	..	430	mittelmäßig
3241AB	h 2302	GΣ	22.112	06 11.9 +19 11	201 45.7	25.39	2	+ 2.1	:	430	
			.230		-------	25.34	2-1	+ 2.8	:	430	unsicher
			.952		201 35.0	25.37	1	0	:	430	sehr schwierig
			22.431		201 40.4	25.37				3n	
3241AC		GΣ	23.100	06 11.9 +19 11	269 11.4	76.06	2-3	− 0.9	..	430	schwierig
			.136		269 06.4	76.21	2-1	+ 0.2	..	430	schwierig
			23.118		269 08.9	76.14				2n	
3241AD		GΣ	22.112	06 11.9 +19 11	255 11.3	86.13	2	+ 2.7	..	430	unsicher
			.983		255 08.2	85.70	1-2	+ 0.3	..	430	mittelmäßig
			23.136		254 50.3	85.42	2	+ 0.7	..	430	brauchbar
			22.744		255 03.3	85.75				3n	
	Br 919	GΣ	22.862	06 13.6 +12 17	88 41.7	202.66	1	+ 0.3	..	430	schwierig
			.983		88 40.4	203.04	2-1	− 0.3	..	430	unruhig
			22.922		88 41.0	202.85				2n	
3383AB	Sh 70	GΣ	21.898	06 24.8 +20 49	204 20.2	28.47	1	+ 0.2	:	430	schlecht
			.901		204 33.2	28.57	2-1	+ 0.9	:	430	brauchbar
			22.164		204 38.8	28.62	3	+ 0.3	:	430	sicher
			21.988		204 30.7	28.55				3n	
	Br 930	GΣ	24.137	06 26.4 +58 12	115 21.0	177.77	4	+ 4.0	:	260	recht sicher
			.202		115 23.0	177.95	3-4	+ 1.1	:	260	brauchbar
			.257		115 21.8	177.86	3-2	+ 2.3	:	430	brauchbar
			24.199		115 22.0	177.86				3n	
	Br 946AB	GΣ	23.166	06 33.1 +61 31	78 58.9	160.99	3	+ 1.5	:	430	recht gut
			.319		78 52.4	160.82	2-3	+ 5.3	:	430	brauchbar
			23.242		78 55.6	160.90				2n	
	GC 8662AB	GΣ	24.032	06 35.8 +42 32	108 41.8	52.35	1	+ 1.8	:	430	mittelmäßig
			.035		108 36.6	52.31	1-2	+ 1.1	..	430	mittelmäßig
			24.034		108 39.2	52.33				2n	
	GC 8662AC	GΣ	24.032	06 35.8 +42 32	74 45.5	99.34	2-1	+ 2.5	:	430	brauchbar
			.035		74 35.7	99.57	1	+ 1.6	:	430	schwierig
			24.032		74 40.6	99.46				2n	
3562	OΣ 154	d	24.105	06 40.8 +40 41	115 59.1	24.72	2-3	+ 1.5	..	430	gut
			.108		116 17.6	24.53	2-3	+ 1.9	..	430	brauchbar
			24.106		116 08.4	24.62				2n	
		GΣ	24.137		116 11.3	24.53	4	+ 2.1	..	430	sicher
			.202		116 13.3	24.55	3-2	+ 0.1	..	430	sicher
			24.170		116 12.3	24.54				2n	
3585	Sh 75	GΣ	23.002	06 43.1 +43 38	26 18.3	----	2-1	+ 2.1	:	430	Dunst
			.004		26 04.2	41.56	2-1	+ 2.6	:	430	mittelmäßig
			.040		26 10.2	41.51	2	0	:	430	mittelmäßig
			23.015		26 10.9	41.54				3n	
	Br 992AB	GΣ	22.983	06 47.2 +41 51	100 13.2	40.32	1-2	+ 0.4	..	430	schwierig
			23.002		100 22.3	40.38	2	+ 0.5	..	430	mittelmäßig
			24.107		99 49.4	40.54	2-1	+ 4.2	..	430	brauchbar
			23.364		100 08.3	40.41				3n	
	Br 992AC	GΣ	24.107	06 47.2 +41 51	74 59.2	118.51	2-1	+ 3.4	:	430	schwierig
			.131		75 05.6	118.55	1-2	+ 1.5	:	430	schwierig
			24.119		75 02.4	118.53				2n	
3678AB-C	OΣ 159	GΣ	24.265	06 53.0 +58 29	345 54.7	28.98	2-1	+ 5.5	..	430	zweifelhaft

BDS	Name	Bb	Ep 1900+	1950.0 α	δ	p	s	Bd	t	Auge	Vgr	Bemerkungen
3678AB-D		GΣ	24.137	06ʰ53ᵐ.0	+58°29'	167°24'.1	197".29	4-3	+ 2ʰ.8	..	260	recht sicher
			.202			167 21.7	----	2	+ 3.4	..	430	Wolken
			.249			167 25.0	197.48	3	+ 2.0	..	260	brauchbar
			.265			167 21.9	197.31	4-3	+ 4.8	..	260	recht sicher
			24.213			167 23.2	197.36				4n	
3844AC	OΣ 165	GΣ	23.024	07 05.5	+16 01	21 31.7	6.34	1	+ 0.3	:	430	brauchbar
			.038			22 04.1	6.57	1	+ 1.9	:	430	zweifelhaft
			.060			22 28.8	6.32	1	+ 2.1	:	580	unsicher
			.073			21 38.0	6.42	3-2	+ 0.4	:	430	brauchbar
			23.049			21 55.6	6.41				4n	
	Br 1041AB	GΣ	22.988	07 07.7	-04 09	339 02.2	183.67	1-2	+ 0.8	:	430	brauchbar
			23.089			339 02.0	183.58	2	+ 0.7	:	430	mittelmäßig
			23.038			339 02.1	183.62				2n	
	Br 1041AC	GΣ	23.089	07 07.7	-04 09	1 35.5	120.43	2-1	+ 1.4	:	430	schwierig
	Br 1048AB	GΣ	21.898	07 11.4	+24 48	108 11.9	127.26	1-2	+ 0.7	..	430	schwierig
			.909			108 05.1	127.36	4	+ 0.6	..	430	sicher
			22.110			108 08.7	127.49	3	+ 1.6	..	430	Dunst
			21.972			108 08.6	127.37				3n	
	Br 1048AC	GΣ	21.909	07 11.4	+24 48	17 55.1	49.13	4	+ 1.1	:	430	schwierig
	Br 1078	GΣ	23.100	07 25.9	+31 53	290 23.3	214.76	2	+ 0.3	..	430	mittelmäßig
			.319			290 22.0	214.55	2	+ 3.7	..	260	mittelmäßig
			23.210			290 22.6	214.66				2n	
	Br 1073	GΣ	23.004	07 26.1	+49 47	303 37.8	171.14	1-2	+ 2.4	..	430	brauchbar
			.300			303 39.3	171.00	2-3	+ 2.9	..	430	brauchbar
			23.152			303 38.6	171.07				2n	
		d	23.158			303 46.2	171.00	2-3	+ 2.8	..	430	brauchbar
			.253			303 30.9	170.87	2	+ 2.9	..	430	schwierig
			23.206			303 38.6	170.94				2n	
4122AC	Σ 1110	GΣ	23.840	07 31.4	+32 00	164 10.5	73.20	1-2	- 1.2	:	430	schwierig
			.865			164 10.9	73.17	2-3	- 0.8	:	430	brauchbar
			23.852			164 10.7	73.18				2n	
4122AD		d	24.261	07 31.4	+32 00	222 17.7	202.06	3	+ 2.4	:	260	gut
			.277			222 34.9	202.51	1-2	+ 2.3	:	260	schwierig
			24.269			222 26.3	202.28				2n	
	Br 1102	GΣ	23.136	07 34.8	-04 00	350 00.7	121.48	1-2	0	:	430	unsicher
			.166			350 10.2	121.25	3-2	+ 1.2	:	430	mittelmäßig
			23.151			350 05.4	121.36				2n	
4187AC	GC 10277	d	24.135	07 36.8	+05 22	1 21.2	79.86	3	+ 1.0	:	430	recht gut
			.162			1 24.5	80.10	2-3	- 0.9	:	430	gut
			.184			1 32.6	79.72	3	+ 1.0	:	430	brauchbar
			.198			1 38.4	79.56	3	+ 1.4	:	430	gut
			24.170			1 29.2	79.81				4n	
		d	25.063			1 21.4	80.45	3-4	+ 0.2	:	430	gut
			.194			1 40.8	80.32	2-3	- 0.8	:	430	recht gut
			.260			1 41.3	80.64	2	+ 1.5	:	430	recht gut
			25.172			1 34.5	80.47				3n	
		d	26.128			1 51.7	81.70	3	+ 0.7	:	430	schwierig
		d	36.213			5 28.2	93.49	3-4	+ 1.3	:	430	gut
			.218			5 27.0	93.88	3-2	+ 0.2	:	430	gut
			.223			5 16.8	93.90	3-2	- 0.4	:	430	brauchbar
			36.218			5 24.0	93.76				3n	
		d	39.098			6 33.6	97.15	3	+ 0.6	:	430	brauchbar
			.203			6 38.4	97.06	3	+ 1.8	:	430	gut
			.206			6 34.8	97.01	3	+ 1.5	:	430	gut
			39.169			6 35.6	97.07				3n	
4187AD	GC 10277	d	24.137	07 36.8	+05 22	272 07.5	129.82	3-4	- 0.2	..	580	Dunst
			.146			272 07.6	129.58	3-2	- 0.5	..	430	Wolken
			.173			271 56.9	129.34	2	- 0.6	..	430	brauchbar
			.184			271 43.6	129.47	3	+ 0.3	..	430	gut
			.189			271 43.9	129.24	2	0	..	430	brauchbar
			.198			271 29.8	129.33	3-2	+ 0.7	..	430	brauchbar
			24.171			271 51.6	129.46				6n	

BDS	Name	Bb	Ep 1900+	1950.0 α δ	p	s	Bd	t	Auge	Vgr	Bemerkungen
		d	25.063	$07^h36^m.8$ $+05°22'$	271°59'.4	129".12	3	+ $0^h.8$	..	430	gut
			.194		271 46.2	129.14	2-3	0	..	430	recht gut
			.260		271 46.6	128.96	1	+ 2.2	..	430	schwierig
			25.172		271 50.7	129.07				3n	
		d	26.128		272 28.6	129.00	3	+ 1.6	..	430	schwierig
		d	36.213		278 04.2	124.13	3	+ 2.1	..	430	brauchbar
			.218		278 06.6	124.21	3-2	+ 1.0	..	430	brauchbar
			.221		278 03.6	124.48	2-3	+ 0.9	..	430	brauchbar
			36.217		278 04.8	124.27				3n	
		d	39.098		279 40.8	122.37	3-4	+ 0.5	..	430	gut
			.202		279 57.0	122.34	2	+ 1.1	..	430	brauchbar
			.205		279 52.8	122.41	3	+ 0.8	..	430	gut
			39.168		279 50.4	122.37				3n	
4233AE		d	24.258	07 42.3 +28 09	89 54.3	234.02	2	+ 3.8	:	260	schwierig
4233AF	Σ 5 AppII	d	24.258	07 42.3 +28 09	76 44.5	258.29	2-3	+ 2.5	:	260	gut
			.277		76 49.1	258.18	1-2	+ 2.7	:	260	mittelmäßig
			24.268		76 46.8	258.24				2n	
4233AG		d	24.258	07 42.3 +28 09	332 29.6	164.81	2	+ 3.1	..	260	mittelmäßig
			.277		332 33.0	164.21	1	+ 3.2	..	260	mittelmäßig
			24.268		332 31.3	164.51				2n	
4249	Σ 1135	GΣ	23.024	07 44.3 +33 32	213 21.9	20.95	1-2	+ 0.2	:	430	brauchbar
			.032		213 40.9	20.97	1-2	+ 0.2	:	430	brauchbar
			23.028		213 31.4	20.96				2n	
4361AB	Sh 87	GΣ	23.221	07 55.7 +02 21	76 57.1	88.23	4-5	- 0.7	..	430	sehr sicher
			.236		76 57.8	88.23	3	+ 1.1	..	430	brauchbar
			.240		76 57.4	88.26	3-2	+ 1.4	..	430	sicher
			23.232		76 57.4	88.24				3n	
		d	23.234		77 02.8	88.72	3-2	+ 0.4	..	430	mittelmäßig
			.237		77 00.2	88.68	3	+ 0.6	..	430	sicher
			23.236		77 01.5	88.70				2n	
4361AC		GΣ	23.221	07 55.7 +02 21	150 32.4	120.29	5-4	- 0.4	:	430	sehr sicher
			.234		150 34.3	120.09	2-3	+ 0.8	:	430	recht sicher
			23.228		150 33.4	120.19				2n	
		d	23.234		150 23.8	120.43	2	+ 1.8	:	430	mittelmäßig
			.237		150 18.4	120.30	2-3	+ 1.2	:	430	gut
			23.236		150 21.1	120.36				2n	
4361AD		GΣ	23.865	07 55.7 +02 21	284 12.3	117.33	2-1	0	..	430	zweifelhaft
			.874		284 15.2	117.62	2-1	- 0.3	..	430	zweifelhaft
			24.073		284 11.0	116.94	2-3	+ 0.4	..	430	mittelmäßig
			23.937		284 12.8	117.30				3n	
	Br 1169	d	24.135	08 12.8 +59 21	8 57.0	96.61	2-3	+ 3.3	..	430	brauchbar
			.179		9 03.4	96.74	3	+ 3.3	..	430	gut
			24.157		9 00.2	96.68				2n	
4581	S 565	d	24.135	08 21.3 +42 10	170 51.5	79.21	3-4	+ 1.6	:	430	gut
			.179		170 57.9	79.25	1-3	+ 2.5	:	430	gut
			24.157		170 54.7	79.23				2n	
4597	S 566	GΣ	23.254	08 23.4 +28 04	20 51.1	130.48	2	+ 0.2	:	430	mittelmäßig
			.256		20 55.0	130.42	3	+ 0.3	:	430	recht sicher
			23.255		20 53.0	130.45				2n	
		d	23.256		20 55.6	130.70	2	+ 1.4	:	430	gut
			.261		20 53.9	130.64	2-3	+ 1.0	:	430	sicher
			23.258		20 54.8	130.67				2n	
4609AC	β 1067	GΣ	23.865	08 26.1 +60 53	150 11.5	143.09	2	+ 0.4	:	430	zweifelhaft
			24.073		150 13.9	143.06	4-3	+ 0.6	:	430	recht sicher
			23.969		150 12.7	143.08				2n	
4609AD		d	24.075	08 26.1 +60 53	207 02.3	173.33	3-2	+ 1.1	:	430	brauchbar
			.105		207 09.5	173.50	3-2	+ 1.4	:	430	brauchbar
			24.090		207 05.9	173.42				2n	

BDS	Name	Bb	Ep 1900+	1950.0 α	δ	p	s	Bd	t	Auge	Vgr	Bemerkungen
		GΣ	24.131	$08^h26^m.1$	$+60°53'$	$206°58'.7$	$172''.84$	1-2	$+ 0^h.9$	:	430	unsicher
			.134			207 05.2	173.14	3-2	+ 2.6	..	430	brauchbar
			24.132			207 02.0	172.99				2n	
	Br 1222AB	GΣ	22.110	08 37.2	+20 11	309 07.1	134.21	4	+ 1.1	..	430	sicher
			.112			309 03.2	134.17	3-2	+ 1.1	..	430	mittelmäßig
			22.111			309 05.2	134.19				2n	
		d	23.130			309 06.0	133.99	1	+ 0.8	..	430	gut
			.166			309 11.8	134.14	3	+ 1.3	..	430	gut
			23.148			309 08.9	134.06				2n	
	Br 1222AC	GΣ	22.110	08 37.2	+20 11	110 38.1	134.92	4-3	+ 1.5	..	430	Dunst
			.118			110 43.6	134.89	2	+ 1.0	..	430	gut
			22.114			110 40.8	134.90				2n	
		d	23.136			110 38.5	135.23	2-1	+ 1.0	..	430	gut
			.166			110 44.1	135.16	3	+ 1.9	..	430	gut
			23.151			110 41.3	135.20				2n	
	Br 1222/1223	GΣ	22.118	08 37.3	+20 09	151 20.9	149.58	2-3	+ 1.5	..	430	brauchbar
			.186			151 24.9	149.79	4	+ 0.7	..	430	sicher
			22.152			151 22.9	149.68				2n	
		d	23.136			151 23.1	149.95	1	+ 0.6	..	430	gut
			.253			151 19.1	149.87	2	+ 1.6	..	430	gut
			23.194			151 21.1	149.91				2n	
	Br 1230	GΣ	22.881	08 40.4	+21 59	66 00.1	106.50	1-2	0	..	430	Wolken
			.988			66 04.9	106.30	2-1	- 0.3	..	430	mittelmäßig
			22.934			66 02.5	106.40				2n	
4747	h 457	GΣ	24.024	08 41.8	+18 21	100 34.0	38.72	2-1	- 0.3	:	430	schwierig
			.060			100 59.3	38.94	1	- 0.3	..	580	schwierig
			.073			100 50.7	38.80	2	+ 1.4	..	430	recht sicher
			24.052			100 48.0	38.82				3n	
4743	Σ 1263	GΣ	24.232	08 41.9	+41 52	20 58.0	71.75	3-4	+ 3.3	:	430	sicher
			.257			20 48.9	71.92	3	+ 0.7	:	430	brauchbar
			24.244			20 53.4	71.84				2n	
	Br 1268	GΣ	23.322	08 57.4	+41 59	198 21.8	124.77	3-2	+ 1.7	:	430	brauchbar
			.335			198 24.1	124.54	3	+ 2.0	:	430	recht sicher
			23.328			198 23.0	124.66				2n	
4891	Sh 101	GΣ	23.125	08 58.8	+28 06	325 41.2	102.47	2	+ 1.5	:	430	brauchbar
			.130			325 37.8	102.35	2-1	+ 1.7	..	430	brauchbar
			23.128			325 39.5	102.41				2n	
		d	23.256			325 25.1	102.19	2-3	+ 1.5	..	430	gut
			.261			325 29.9	102.40	2-3	- 0.3	:	430	sicher
			23.258			325 27.5	102.30				2n	
	Br 1286	GΣ	22.154	09 05.9	+26 50	39 02.9	115.82	3-2	+ 0.3	:	430	brauchbar
			.159			38 58.6	115.61	2-3	+ 0.4	:	430	brauchbar
			.186			39 01.6	115.75	4	+ 0.9	:	430	sicher
			.230			39 00.7	115.79	2	+ 0.6	:	430	mittelmäßig
			22.182			39 01.0	115.74				4n	
4984AB	h 2489	d	24.192	09 11.8	+02 32	185 15.3	38.31	2-1	+ 0.8	:	430	mittelmäßig
			.233			185 39.0	38.25	3	+ 0.9	:	430	brauchbar
			24.212			185 27.2	38.28				2n	
4984AC		d	24.193	09 11.8	+02 32	285 45.4	80.90	2-1	+ 1.3	..	430	mittelmäßig
			.233			285 37.1	80.99	2-3	+ 1.4	..	430	schwierig
			24.213			285 41.2	80.94				2n	
5023AB	OΣ 199	GΣ	24.107	09 17.3	+51 28	122 30.6	5.74	1-2	+ 3.3	:	430	sehr schwierig
5023AC		GΣ	24.104	09 17.3	+51 28	5 05.1	142.03	2	+ 3.8	..	430	mittelmäßig
			.107			5 07.6	142.10	1-2	+ 2.6	..	430	mittelmäßig
			24.106			5 06.4	142.06				2n	

BDS	Name	Bb	Ep 1900+	1950.0 α δ	p	s	Bd	t	Auge	Vgr	Bemerkungen
5034AB	Σ 1342	GΣ	23.106	09h18m.2 +34°39'	37°45'.5	212".14	1	+ 2.1	:	430	unsicher
			24.038		37 48.0	212.45	2-3	+ 1.6	:	260	brauchbar
			.257		37 55.7	212.36	2-1	+ 3.3	:	260	mittelmäßig
			23.800		37 49.7	212.32				3n	
5034BC		GΣ	23.106	09 18.2 +34 39	319 12.1	17.00	1	+ 2.7	..	430	unsicher
			24.038		319 59.4	17.18	2-1	+ 2.4	..	430	zweifelhaft
			.257		319 25.3	17.21	2-1	+ 3.8	..	430	brauchbar
			23.800		319 32.3	17.13				3n	
5090AB	S 598	GΣ	23.404	09 25.4 +45 49	161 30.9	78.29	1-2	+ 4.3	..	430	recht brauchbar
			24.032		161 32.0	78.23	2-1	+ 1.2	..	430	brauchbar
			.137		161 35.6	78.28	3-4	+ 1.9	..	430	sicher
			23.858		161 32.8	78.27				3n	
5090AC		GΣ	23.404	09 25.4 +45 49	78 57.2	83.31	1-2	+ 4.8	:	430	brauchbar
			24.032		78 50.9	83.41	2-1	+ 1.8	:	430	unruhig
			.137		78 44.9	83.44	4-3	+ 2.3	:	430	sicher
			23.858		78 51.0	83.39				3n	
5104AB	Σ 1351	GΣ	24.107	09 27.6 +63 17	270 00.9	22.67	1-2	+ 4.2	:	430	zweifelhaft
			.131		270 45.6	22.68	1	+ 1.7	:	430	zweifelhaft
			.134		270 22.7	22.72	3	+ 2.3	:	430	brauchbar
			24.124		270 23.1	22.69				3n	
5104AC		GΣ	24.107	09 27.6 +63 17	228 34.7	95.60	1	+ 4.8	:	430	unsicher
			.134		228 46.2	95.60	2	+ 3.3	:	430	brauchbar
			24.120		228 40.4	95.60				2n	
		d	24.132		228 17.5	95.59	1	+ 0.9	..	430	schwierig
5131	Sh 107	d	22.953	09 29.3 +09 56	74 29.9	38.15	1-2	+ 1.7	..	430	gut
			23.103		74 32.8	37.40	1-2	+ 0.3	..	430	schwierig
			24.105		74 40.4	37.41	2-3	+ 0.4	..	430	brauchbar
			.234		74 43.4	37.49	2-3	+ 1.8	..	430	gut
			23.599		74 36.6	37.61				4n	
5175	H VI 76	GΣ	22.881	09 38.5 +10 07	43 33.3	85.69	1-2	- 0.3	..	430	recht sicher
			.988		43 25.4	85.36	1	- 0.9	..	430	mittelmäßig
			22.934		43 29.4	85.52				2n	
5239	S 605	d	24.184	09 51.5 +05 11	289 31.1	52.56	3	+ 0.7	..	430	gut
			.190		289 27.5	52.57	4-3	- 0.3	..	430	gut
			24.187		289 29.3	52.56				2n	
5331AB	Σ 6 AppII	d	24.193	10 05.7 +12 13	307 00.5	175.80	2	+ 1.2	..	260	brauchbar
			.244		307 01.7	175.93	2-3	+ 1.4	..	260	mittelmäßig
			24.218		307 01.1	175.86				2n	
5331AD		d	24.193	10 05.7 +12 13	274 01.8	216.89	2	+ 1.9	..	260	brauchbar
			.245		273 58.8	217.07	3	+ 1.9	..	260	gut
			24.219		274 00.3	216.98				2n	
5412	Sh 115	d	24.037	10 20.7 +05 57	352 44.2	58.60	1	+ 0.3	:	430	schwierig
			.075		352 30.1	58.62	2-3	+ 0.2	:	430	gut
			24.056		352 37.2	58.61				2n	
5593	GC 14971	d	24.184	10 51.0 -19 52	211 40.6	129.98	3-2	+ 0.4	..	430	gut
5665AB	GC 15235	d	24.037	11 02.4 +07 36	305 12.6	276.35	1-2	+ 0.4	..	260	mittelmäßig
			.075		305 08.1	276.38	3	+ 0.5	..	260	sicher
			24.056		305 10.4	276.36				2n	
5665AC		d	24.264	11 02.4 +07 36	294 25.5	314.18	2	+ 1.2	..	260	brauchbar
			.307		294 27.6	314.07	2	+ 1.1	..	260	brauchbar
			24.286		294 26.6	314.12				2n	
5691	S 621	d	24.245	11 08.3 +66 17	225 36.2	72.90	2	+ 4.1	:	430	brauchbar
			.256		225 33.4	72.83	2	+ 2.8	..	430	mittelmäßig
			24.250		225 34.8	72.86				2n	
5707AB-C	Σ 1517	d	24.264	11 11.1 +20 25	101 27.1	215.80	3	+ 0.4	..	260	gut
			.277		101 21.6	216.08	2	+ 0.5	..	260	brauchbar
			24.270		101 24.4	215.94				2n	

BDS	Name	Bb	Ep 1900+	1950.0 α	δ	p	s	Bd	t	Auge	Vgr	Bemerkungen
5709	β 1282	d	24.179	$11^h11^m.5$	$+20^\circ48'$	$343^\circ51'.3$	$191''.27$	2	$+ 1^h.0$	:	260	brauchbar
			.185			343 46.7	191.59	3	+ 1.3	:	260	gut
			24.182			343 49.0	191.43				2n	
5706AB	Σ 1516	d	24.414	11 12.1	+73 45	100 53.3	29.37	3-2	+ 3.6	:	430	brauchbar
			.431			100 34.5	29.33	3-2	+ 3.9	:	430	gut
			24.422			100 43.9	29.35				2n	
5706AC	OΣ 539	d	24.414	11 12.1	+73 45	305 17.6	7.60	3-2	+ 4.2	:	430	schwierig
			.431			304 59.3	7.53	3	+ 4.5	:	430	schwierig
			24.422			305 08.4	7.56				2n	
5729	Sh 121	GΣ	23.316	11 14.1	-03 23	288 43.9	96.82	2-1	+ 0.3	..	430	brauchbar
			.335			288 42.6	96.89	2	+ 1.3	..	430	brauchbar
			23.326			288 43.2	96.86				2n	
5775	h 4433	GΣ	24.073	11 23.0	+16 44	351 12.8	55.67	3-2	- 0.4	:	430	sicher
			.104			350 56.8	55.75	2-3	+ 0.6	:	430	mittelmäßig
			24.088			351 04.8	55.71				2n	
5779	Σ 1540	GΣ	24.131	11 24.3	+03 17	150 07.3	28.91	2	+ 0.6	:	430	brauchbar
			.134			150 14.3	28.80	3	+ 1.9	:	430	Wolken
			.137			150 16.9	----	2-3	+ 1.1	:	430	sicher
			24.134			150 12.8	28.86				3n	
5812	Σ 1547	GΣ	24.137	11 29.2	+14 39	326 09.0	15.36	3	+ 1.6	:	430	sicher
			.202			325 55.6	15.38	1-2	- 1.7	:	430	mittelmäßig
			24.169			326 02.3	15.37				2n	
	Br 1593	GΣ	25.367	11 38.4	+34 29	98 01.9	158.20	3-2	+ 1.6	..	260	brauchbar
			.370			98 05.4	158.26	2	+ 1.7	..	430	mittelmäßig
			.422			97 59.8	158.32	2	+ 3.6	..	430	brauchbar
			25.386			98 02.3	158.26				3n	
	Br 1596	GΣ	23.240	11 39.0	+32 01	300 42.5	78.78	1-2	+ 2.5	..	430	mittelmäßig
			.275			300 41.0	78.76	2-1	+ 3.8	..	430	brauchbar
			23.258			300 41.8	78.77				2n	
5921	Σ7 AppII	GΣ	24.037	11 45.4	+20 30	355 20.7	74.41	1	+ 0.4	:	430	mittelmäßig
			.133			355 25.4	74.36	2	- 0.2	:	430	mittelmäßig
			24.085			355 23.0	74.38				2n	
	FK_3 445	GΣ	25.269	11 48.1	+02 03	284 30.6	260.02	3-2	+ 1.0	..	260	brauchbar
			.291			284 35.4	259.33	2	+ 1.0	..	260	Dunst
	GC 16215		.304			284 35.7	259.02	2-3	+ 1.0	..	260	brauchbar
			25.288			284 33.9	259.46				3n	
6063AB	Σ 1607	d	24.185	12 09.0	+36 22	6 38.8	28.55	2	+ 1.0	:	580	brauchbar
			.245			6 27.7	28.66	2-3	+ 0.9	:	430	recht gut
			24.215			6 33.2	28.60				2n	
6063AC		d	24.245	12 09.0	+36 22	343 27.7	43.79	2-3	+ 1.6	:	430	brauchbar
			.256			343 22.1	44.00	2-3	+ 0.4	:	430	brauchbar
			24.250			343 24.9	43.90				2n	
	Br 1637	GΣ	23.224	12 13.0	+57 19	73 11.8	188.53	2-3	+ 4.2	:	430	brauchbar
			.275			73 13.6	188.53	1-2	+ 3.9	:	430	schwierig
			23.250			73 12.7	188.53				2n	
6148AC	Sh 143	d	24.264	12 20.0	+26 07	167 07.3	65.43	1	+ 0.5	:	430	mittelmäßig
			.307			167 01.6	65.45	2-1	+ 0.8	:	430	brauchbar
			24.285			167 04.4	65.44				2n	
6211AC	Σ 1658	GΣ	25.340	12 32.6	+07 43	261 17.2	112.31	2	+ 1.6	..	430	unruhig
			.345			261 18.1	112.17	2-3	+ 0.9	..	430	brauchbar
			25.342			261 17.6	112.24				2n	
	Br 1694AB	GΣ	24.372	12 36.7	-07 43	137 15.7	173.80	2-1	+ 1.5	:	430	schwierig
			.421			137 12.9	173.86	2-3	+ 2.0	..	260	mittelmäßig
			24.396			137 14.3	173.83				2n	
	Br 1694AC	GΣ	24.372	12 36.7	-07 43	110 19.9	223.27	2-1	+ 2.5	:	260	mittelmäßig
			.421			110 24.1	223.31	2	+ 2.6	..	260	schwierig
			24.396			110 22.0	223.29				2n	

BDS	Name	Bb	Ep 1900+	1950.0 α δ	p	s	Bd	t	Auge	Vgr	Bemerkungen
	Br 1694AD	GΣ	24.438 .457 24.448	$12^h36^m.7$ $-07°43'$	330°29'.0 330 31.3 330 30.2	321".17 321.13 321.15	2 2	+ $2^h.6$ + 2.4	: ..	260 260 2n	schwierig brauchbar
6243AD	Σ 1670	d	23.202	12 39.1 -01 11	88 17.4	125.89	2-1	+ 1.0	..	430	schwierig
6263	Σ 1678	GΣ	25.321 .340 25.330	12 42.9 +14 39	189 06.3 188 54.4 189 00.4	33.08 32.90 32.99	2-1 2-3	+ 1.2 0	: :	430 430 2n	mittelmäßig brauchbar
	Br 1706	GΣ	23.256 .300 23.278	12 43.8 +09 49	193 03.1 193 06.9 193 05.0	166.48 166.66 166.57	2-1 2-1	+ 0.6 + 1.7	: :	430 430 2n	brauchbar brauchbar
6308	FK_3 484 GC 17543	GΣ	25.269 .299 .304 25.291	12 53.1 +03 40	136 24.0 136 16.1 136 20.4 136 20.2	164.17 164.79 164.50 164.49	2 2-1 3	+ 0.9 + 0.2 + 0.8	: : ..	260 260 260 3n	schwierig unruhig gut
6313	Σ 1692	GΣ	22.186 25.321 .373 24.293	12 53.7 +38 35	227 54.7 228 20.7 227 42.3 227 59.2	19.68 19.86 19.71 19.75	4-3 2-1 2	- 0.6 + 1.7 + 1.0	: : :	430 430 430 3n	recht sicher schwierig unruhig
6406AC	Σ 1728	d	23.256 .322 .513 23.364	13 07.6 +17 47	330 46.6 330 23.8 330 08.8 330 26.4	110.83 109.97 110.15 110.32	1 1-2 1-2	+ 1.1 + 3.2 + 4.2	:	430 430 430 3n	wenig sicher sehr schwierig sehr schwierig
	FK_3 492 GC 17874	d	24.245 .256 24.250	13 09.5 +28 08	237 51.3 237 54.8 237 53.0	85.81 85.74 85.78	2-3 2	+ 1.5 + 0.1	.. ..	430 430 2n	gut brauchbar
	Br 1780AB	d	23.256 .434 23.345	13 26.0 +14 03	136 00.8 135 57.6 135 59.2	284.50 284.50 284.50	2 2-3	+ 1.6 + 1.2	.. ..	260 260 2n	recht gut gut
	Br 1780AC	d	23.257 .434 23.346	13 26.0 +14 03	262 28.7 262 34.6 262 31.6	325.29 325.77 325.53	1 2-3	+ 2.4 + 1.9	.. ..	260 260 2n	schwierig schwierig
6668AC	Σ 1788	GΣ	23.316 .510 23.413	13 52.4 -07 49	293 33.0 293 26.2 293 29.6	125.00 125.05 125.02	1 1-2	+ 0.7 + 2.9	.. ..	430 430 2n	schwierig zweifelhaft
6668AD		GΣ	24.257 .265 24.261	13 52.4 -07 49	214 30.3 214 29.3 214 29.8	154.94 154.96 154.95	1-2 2	+ 0.1 + 1.3	: :	430 260 2n	zweifelhaft brauchbar
6670	Sh 169	d	24.433 .447 24.440	13 52.3 +18 39	102 38.4 102 37.8 102 38.1	112.36 112.65 112.50	2 3-2	+ 1.9 + 1.9	.. ..	430 430 2n	brauchbar recht gut
6801AC	Σ 1830	GΣ	23.824 .827 23.826	14 14.2 +56 54	81 00.7 80 50.2 80 55.4	35.75 35.52 35.64	3-2 2	+ 6.7 + 6.5	: :	430 430 2n	schwierig brauchbar
6801AD		CΣ	23.824 .827 23.826	14 14.2 +56 54	62 10.5 62 12.6 62 11.6	141.45 141.34 141.40	2-3 3-2	+ 6.3 + 6.2	: :	430 430 2n	brauchbar brauchbar
6802	Σ 26 AppI	GΣ	22.405 .427 22.416	14 14.4 +51 36	33 21.4 33 06.4 33 13.9	38.38 38.32 38.35	2 4	+ 4.0 + 3.1	: :	430 430 2n	mittelmäßig sicher
6804AC	Σ 1831	d	24.461 .469 24.465	14 14.4 +56 55	224 04.2 224 10.5 224 07.4	106.80 106.85 106.82	2-1 3	+ 2.9 + 2.4	: :	430 430 2n	mittelmäßig gut
6804CD		d	24.529 .535 24.532	14 14.4 +56 55	118 33.6 118 43.1 118 38.4	114.52 114.26 114.39	2-3 1-2	+ 3.1 + 3.4	: :	430 430 2n	brauchbar gut

BDS	Name	Bb	Ep 1900+	1950.0 α δ	p	s	Bd	t	Auge	Vgr	Bemerkungen
	Br 1853	GΣ	22.405 .427 22.416	14h16m.8 +13°14'	217°17'.6 217 17.8 217 17.7	157".33 157.29 157.31	2-1 4-3	+ 2h.6 + 2.1	: :	430 430 2n	schwierig schwierig
6869AB	+24° 2733	GΣ	30.418 .423 30.420	14 23.3 +23 54	74 23.4 74 45.0 74 34.2	45.32 45.19 45.26	2 2	+ 3.2 + 1.3	.. :	430 430 2n	verwaschen sicher
6869AC		GΣ	30.418 .423 30.420	14 23.3 +23 54	114 22.8 114 33.6 114 28.2	148.87 148.90 148.88	2 2	+ 3.7 + 2.0	.. ..	430 430 2n	sicher recht sicher
6869AD		GΣ	30.423 .429 30.426	14 23.3 +23 54	297 34.2 297 39.0 297 36.6	317.54 317.47 317.50	2-3 3	+ 2.4 + 4.2	.. ..	430 430 2n	sicher sicher
6869Ab		GΣ	30.429 .456 30.442	14 23.3 +23 54	258 27.6 258 28.8 258 28.2	168.49 168.62 168.56	3-2 2-1	+ 4.8 + 2.9	: :	430 430 2n	unsicher schwierig
	FK3 531 GC 19467	GΣ	23.701 .819 .821 23.780	14 23.5 +52 05	182 04.4 182 03.9 181 51.3 181 59.9	69.21 69.10 68.99 69.10	1 1 2	+ 5.4 + 5.7 + 5.8	: : :	430 430 430 3n	schwierig wenig sicher Wolken
6910	h 2728	d	24.433 .461 24.447	14 29.7 +30 35	335 49.9 336 15.6 336 02.8	47.19 47.13 47.16	2 2	+ 1.9 + 1.8	.. ..	430 430 2n	brauchbar brauchbar
6915	β 616	GΣ	25.367 .370 25.368	14 30.1 +38 32	110 36.7 111 09.9 110 53.3	33.22 33.55 33.38	2 1-2	+ 0.4 + 2.2	.. ..	430 430 2n	schwierig schwierig
	FK3 1380AB GC19659AB	d	24.256 .401 24.328	14 32.5 +29 58	82 48.0 82 51.4 82 49.7	232.99 233.03 233.01	1-2 4-3	+ 0.9 + 0.5	.. ..	260 260 2n	mittelmäßig recht gut
	FK3 1380BC GC19659BC	d	24.256 .401 24.328	14 32.5 +29 58	179 25.2 179 30.4 179 27.8	60.99 61.17 61.08	2-3 3-4	+ 0.2 + 1.0	: :	430 430 2n	brauchbar Dunst
7034BC	Σ 1888	Btz	21.351 .520 21.436	14 49.1 +19 19	100 45.6 100 45.0 100 45.3	282.50 281.99 282.24	1-2 1-2	+ 1.2 + 2.2	.. ..	430 430 2n	schwierig schwierig
7077AB	Σ 1894	GΣ	23.234 .281 23.258	14 56.2 -10 57	38 46.4 38 58.5 38 52.4	19.56 19.62 19.59	2 3-4	+ 0.8 + 1.6	: :	430 430 2n	mittelmäßig brauchbar
7077AC		GΣ	23.234 .281 23.258	14 56.2 -10 57	40 52.5 40 54.1 40 53.3	163.61 163.63 163.62	1-2 3-4	+ 1.4 + 1.1	: :	430 430 2n	schwierig gut
	Br 1924AB	GΣ	22.367 .383 23.300 22.683	15 05.1 +25 04	51 27.6 51 19.5 51 15.4 51 20.8	106.21 105.97 105.91 106.03	2-1 2-3 1-2	+ 1.5 + 3.6 + 0.2	: : :	430 430 430 3n	mittelmäßig recht sicher zweifelhaft
	Br 1924AC	GΣ	23.281 .300 23.290	15 05.1 +25 04	39 36.6 39 36.4 39 36.5	243.35 243.58 243.46	4-5 2	+ 2.3 + 0.8	: :	260 260 2n	brauchbar mittelmäßig
7194	Σ 27 AppI	GΣ	22.405 .427 22.416	15 13.5 +33 30	78 24.0 78 23.8 78 23.9	105.13 104.96 105.04	2-1 4	+ 2.3 + 2.6	.. ..	430 430 2n	Wolken sicher
7213AB	Σ 1930	GΣ	22.517 23.224 24.501 23.414	15 16.7 +01 58	36 29.1 36 35.4 35 53.8 36 19.4	11.03 10.94 10.98 10.98	2-1 2 1	+ 0.6 + 1.8 + 1.2	: : :	430 430 430 3n	mittelmäßig mittelmäßig unsicher
7213AC		GΣ	24.476	15 16.7 +01 58	40 23.8	127.23	2	+ 2.5	:	430	mittelmäßig

BDS	Name	Bb	Ep 1900+	1950.0 α	δ	p	s	Bd	t	Auge	Vgr	Bemerkungen
	Br 1942	GΣ	23.281	$15^h18^m.1$	+29°48'	338°21'.6	146".59	4	+ 2ʰ.7	:	430	sicher
			.319			338 16.9	146.51	2-1	+ 2.9	..	430	mittelmäßig
			23.300			338 19.2	146.55				2n	
7251AC	Σ 1937	Btz	20.347	15 21.1	+30 28	12 13.2	57.40	4-5	+ 0.4	:	430	sicher
			.388			11 43.2	57.83	3	- 0.2	:	430	brauchbar
			.456			12 02.4	57.63	3	+ 1.4	:	430	brauchbar
			20.397			11 59.6	57.62				3n	
		Btz	21.485			11 48.0	57.73	3	+ 2.0	:	430	schwierig
7258A-BC	Σ 28 AppI	d	22.897	15 22.6	+37 31	171 15.6	108.91	2-3	+ 5.2	:	430	brauchbar
			.899			171 38.4	108.86	1	+ 5.4	:	430	unsicher
			22.898			171 27.0	108.88				2n	
		d	24.414			171 11.3	108.21	3-2	+ 2.2	:	430	recht brauchbar
			.428			171 17.5	108.29	1	+ 1.6	:	430	brauchbar
			.431			171 12.7	108.15	3	+ 1.1	:	430	sehr gut
			24.424			171 13.8	108.22				3n	
	Br 1989	GΣ	23.505	15 41.5	+02 41	281 06.3	171.87	2	+ 0.9	..	430	Dunst
			.510			281 08.5	171.86	2-1	+ 1.8	..	430	brauchbar
			23.508			281 07.4	171.86				2n	
		GΣ	25.345			279 36.2	171.38	2-1	+ 0.8	..	260	schwierig
7386AB	Σ 1970	GΣ	24.257	15 43.9	+15 35	265 02.1	30.82	3-4	+ 0.2	..	430	Uhrwerksstörung
			.372			264 19.2	30.63	2	+ 0.5	...	260	mittelmäßig
			.463			264 39.0	30.47	2-3	+ 0.9	..	430	Wolken
			24.364			264 40.1	30.64				3n	
7386AC		GΣ	24.372	15 43.9	+15 35	208 57.6	200.23	2	+ 1.3	:	260	wenig sicher
			.457			209 03.7	200.48	2-3	+ 0.2	:	430	brauchbar
			.463			208 57.0	200.01	2-3	+ 0.3	:	260	mittelmäßig
			24.431			208 59.4	200.24				3n	
7411AB	h 574	GΣ	24.684	15 48.3	+32 33	94 10.5	15.83	2	+ 3.6	..	430	mittelmäßig
			.777			94 28.8	15.65	2-3	+ 4.8	..	430	mittelmäßig
			24.730			94 19.6	15.73				2n	
7411AC		GΣ	24.684	15 48.3	+32 33	99 02.3	76.81	2-3	+ 3.1	..	430	brauchbar
			.777			99 02.1	77.05	2-3	+ 4.1	..	430	brauchbar
			24.730			99 02.2	76.93				2n	
	Br 2016	d	24.414	15 50.9	+13 21	110 23.0	96.84	2-3	+ 0.4	..	430	gut
			.423			110 29.9	96.81	2	+ 0.8	..	430	schwierig
			24.418			110 26.4	96.82				2n	
		GΣ	24.421			110 25.5	96.71	1-2	+ 0.2	..	430	mittelmäßig
			.438			110 25.2	96.86	2	+ 0.2	..	430	mittelmäßig
			24.430			110 25.4	96.78				2n	
7442	HVI 94	GΣ	25.266	15 54.0	+38 05	65 15.0	96.12	2-1	- 1.0	..	430	sehr unruhig
			.269			65 16.6	96.08	2-1	- 1.0	..	430	sehr unruhig
			25.268			65 15.8	96.10				2n	
	FK₃ 591	d	24.414	15 54.1	+15 49	317 30.2	220.47	2-3	+ 1.0	..	260	gut
	GC 21408		.423			317 24.9	220.28	3-2	+ 1.3	..	260	recht brauchbar
			24.418			317 27.6	220.38				2n	
		GΣ	24.526			317 33.0	220.35	3	+ 0.9	..	260	mittelmäßig
			.536			317 37.2	220.21	4-3	+ 2.9	..	260	gut
			24.531			317 35.1	220.28				2n	
7466	Σ 1993	GΣ	22.517	15 57.6	+17 31	39 22.8	27.17	2	+ 1.1	:	430	mittelmäßig
			.520			39 32.5	27.09	1-2	+ 1.4	:	430	mittelmäßig
			22.518			39 27.6	27.13				2n	
	Br 2026	GΣ	24.476	15 58.1	-16 23	310 30.2	151.60	2-3	+ 0.9	..	260	zweifelhaft
			.482			310 33.2	151.01	2-1	+ 0.3	..	430	zweifelhaft
			.484			310 28.2	151.16	2	+ 0.7	..	430	mittelmäßig
			24.481			310 30.5	151.26				3n	
7479	H V 75	GΣ	23.693	15 59.0	+26 19	111 06.6	49.37	3-2	+ 3.5	..	430	mittelmäßig
			.701			110 58.2	49.27	2	+ 3.0	..	430	mittelmäßig
			23.697			111 02.4	49.32				2n	
7480	S 676	GΣ	23.688	15 59.1	+33 27	70 44.5	89.53	3	+ 4.4	:	430	gut
			.693			70 43.7	89.70	3	+ 2.9	:	430	brauchbar
			23.690			70 44.1	89.62				2n	

BDS	Name	Bb	Ep 1900+	1950.0 α	δ	p	s	Bd	t	Auge	Vgr	Bemerkungen
7514	Σ 2010	GΣ	21.772	$16^h05^m.8$	$+17^\circ11'$	$11^\circ11'.4$	$29''.06$	4-5	$+3^h.5$	:	430	ausgezeichnet
			.904			11 20.8	29.14	2	+ 4.8	:	430	brauchbar
			21.838			11 16.1	29.10				2n	
		d	23.322			10 58.0	29.38	2-1	+ 1.0	:	430	brauchbar
			.502			11 21.4	29.00	3-2	0	:	430	brauchbar
			.513			11 11.0	29.10	2	+ 0.6	:	430	recht gut
			23.446			11 10.1	29.16				3n	
7563AD	Σ 2032	GΣ	21.764	16 12.8	+33 59	85 17.0	66.85	2	+ 3.7	:	430	brauchbar
			.772			85 14.7	67.14	3-4	+ 3.9	:	430	gut
			21.768			85 15.8	67.00				2n	
	Br 2071AB	GΣ	22.367	16 13.6	+11 33	257 17.3	65.02	2	+ 1.0	..	430	mittelmäßig
			.383			257 02.1	64.90	2	+ 1.4	..	430	recht sicher
			23.513			257 18.9	64.79	4-3	+ 2.8	:	430	brauchbar
			22.754			257 12.8	64.90				3n	
	Br 2071AC	GΣ	22.367	16 13.6	+11 33	341 29.6	93.44	2-1	+ 1.4	:	430	schwierig
			.383			340 59.6	93.57	2	+ 1.9	:	430	brauchbar
			23.513			341 03.3	93.49	2	+ 2.2	:	430	mittelmäßig
			22.754			341 10.8	93.50				3n	
7570AC	Sh 223	GΣ	24.780	16 14.7	+29 16	22 03.7	86.77	2	+ 3.8	:	430	brauchbar
			.794			22 08.3	---	2	+ 4.1	:	430	Wolken
			24.787			22 06.0	86.77				2n	
7570AD		GΣ	24.780	16 14.7	+29 16	51 29.8	123.54	2	+ 4.4	:	430	brauchbar
			.794			51 34.4	123.59	2-3	+ 3.6	:	430	brauchbar
			24.787			51 32.1	123.56				2n	
7570CE		GΣ	24.780	16 14.7	+29 16	225 27.2	13.79	2-1	+ 5.2	:	430	schwierig
7624AC	β 625	GΣ	25.304	16 23.1	+14 09	99 48.2	30.39	3-2	+ 0.8	..	430	brauchbar
			.370			99 31.5	30.12	1-2	+ 1.1	..	430	schwierig
			.384			99 46.2	30.33	2	- 0.5	..	430	brauchbar
			25.353			99 42.0	30.28				3n	
7624AD		GΣ	25.370	16 23.1	+14 09	269 33.4	126.08	2-1	+ 1.6	..	430	schwierig
			.384			269 43.8	126.32	2	+ 0.2	..	430	wenig sicher
			25.377			269 38.6	126.20				2n	
7714	Σ 2082	GΣ	25.269	16 37.4	+49 02	92 08.1	24.63	2-1	- 0.7	:	430	zweifelhaft
			.400			92 04.7	24.40	2	+ 2.7	:	430	unsicher
			.458			91 58.9	24.43	2-3	+ 3.3	:	430	brauchbar
			25.376			92 03.9	24.49				3n	
7731	H V 127	GΣ	23.863	16 41.2	+06 43	292 25.8	53.54	1	+ 4.1	..	430	sehr unsicher
			.865			292 23.9	53.59	2	+ 4.1	..	430	brauchbar
			23.864			292 24.8	53.56				2n	
7740AB	GC 22536	GΣ	22.520	16 42.6	+06 11	191 01.0	163.47	1	+ 1.3	:	430	sehr schwierig
			23.406			190 57.9	163.29	2	+ 0.3	:	430	brauchbar
			.510			190 55.8	163.42	2	+ 2.8	:	430	brauchbar
			23.145			190 58.2	163.39				3n	
7740AC		GΣ	23.406	16 42.6	+06 11	246 41.4	155.14	3-2	+ 0.9	..	430	brauchbar
			.505			246 52.2	154.91	2	+ 2.0	:	430	mittelmäßig
			.510			246 45.4	155.08	2	+ 1.8	..	430	mittelmäßig
			23.474			246 46.3	155.04				3n	
	Br 2134	GΣ	23.406	16 44.4	+02 20	218 54.9	150.04	3-2	+ 1.8	:	430	brauchbar
			.483			218 54.4	150.16	1-2	+ 1.8	:	430	brauchbar
			23.444			218 54.6	150.10				2n	
7800AB	OΣ 317	d	24.431	16 51.4	+44 29	214 10.0	19.41	3	+ 1.5	:	430	gut
			.529			213 43.5	19.37	3	+ 3.3	:	430	gut
			.538			215 06.1	19.14	3-4	+ 3.8	:	430	sehr gut
			24.499			214 19.9	19.31				3n	
7800AC		GΣ	23.863	16 51.4	+44 29	317 18.4	119.21	1-2	+ 4.5	..	430	mittelmäßig
			.865			317 16.2	119.41	2-3	+ 4.5	..	430	brauchbar
			23.864			317 17.3	119.31				2n	
	Br 2159	GΣ	23.483	16 58.4	-04 09	69 04.1	94.20	2-1	+ 0.6	..	430	mittelmäßig
			.505			69 03.0	94.25	2	+ 0.8	..	430	mittelmäßig
			23.494			69 03.6	94.22				2n	

BDS	Name	Bb	Ep 1900+	1950.0 α	δ	p	s	Bd	t	Auge	Vgr	Bemerkungen
7845	Σ 23 AppI	GΣ	21.739	17^{h}01^{m}.7	+13°38'	268°02'.4	152".22	3	+ 2^{h}.0	..	430	brauchbar
			.742			268 04.4	152.12	4	+ 2.8	..	430	gut
			21.740			268 03.4	152.17				2n	
		d	23.426			268 09.1	152.38	2-1	+ 1.9	..	430	brauchbar
			.508			268 14.9	151.47	3-2	+ 1.2	..	430	gut
			.516			268 17.4	151.96	2-3	+ 0.9	..	430	recht gut
			23.483			268 13.8	151.94				3n	
7858AB	Σ 2120	GΣ	24.520	17 02.8	+28 09	237 43.9	11.20	2-3	+ 1.2	:	430	mittelmäßig
			.526			237 31.8	11.36	3	+ 1.2	:	430	brauchbar
			24.523			237 37.8	11.28				2n	
7858AC		GΣ.	24.520	17 02.8	+28 09	174 12.6	145.69	2	+ 2.0	:	430	brauchbar
			.526			174 10.8	145.61	3	+ 1.8	:	430	brauchbar
			24.523			174 11.7	145.65				2n	
7855	HV 133	GΣ	23.840	17 03.0	+12 48	308 52.5	55.99	2-1	+ 4.0	..	430	schwierig
			.843			308 47.4	56.03	2	+ 3.7	..	430	Wolken
			24.476			309 15.6	56.31	2	+ 1.5	..	430	mittelmäßig
			24.053			308 58.5	56.11				3n	
7898AB	Σ 2135	GΣ	25.387	17 10.0	+21 17	181 10.4	7.53	3-2	+ 1.1	:	430	brauchbar
			.400			181 10.0	7.49	2	+ 0.8	:	430	brauchbar
			.422			181 09.4	7.56	2	+ 0.8	:	430	brauchbar
			25.403			181 09.9	7.53				3n	
7898AC		GΣ	25.400	17 10.0	+21 17	208 04.6	160.10	2	+ 1.3	:	430	schwierig
			.422			208 11.7	159.94	1	+ 1.5	:	430	schwierig
			25.411			208 08.2	160.02				2n	
7914AD	Σ 2140	GΣ	25.422	17 12.4	+14 27	38 47.5	83.36	1-2	+ 2.1	:	430	schlecht
			.436			38 51.4	82.84	2	+ 2.2	:	430	zweifelhaft
			.441			38 45.6	82.42	3	+ 1.9	:	430	brauchbar
			.860			39 01.9	82.74	1-2	+ 3.7	:	430	schwierig
			25.540			38 51.6	82.84				4n	
8017AC	Σ 2165	GΣ	24.610	17 24.3	+29 30	251 19.9	96.90	2	+ 3.3	:	430	mittelmäßig
			.640			251 22.7	97.19	3	+ 3.0	:	430	Uhrwerksstörung
			.651			251 21.7	97.01	3	+ 3.1	:	430	brauchbar
			24.634			251 21.4	97.03				3n	
		GΣ	25.805			251 22.2	97.22	1	+ 5.0	:	430	schwierig
8076	Σ 35 AppI	d	24.538	17 31.0	+55 13	311 52.3	61.94	3-4	+ 3.7	..	430	sicher
			.551			311 51.9	61.77	4-3	+ 1.9	..	430	sicher
			24.544			311 52.1	61.86				2n	
8065AB	Σ 2184	GΣ	24.610	17 32.1	+13 12	70 50.3	22.13	2-1	+ 1.5	..	430	brauchbar
			.626			70 17.9	21.91	2	+ 1.7	:	430	brauchbar
			24.618			70 34.1	22.02				2n	
8065AC		GΣ	20.626	17 32.1	+13 12	292 43.4	127.32	2	+ 2.5	:	430	mittelmäßig
			.681			292 39.9	127.02	2	+ 3.6	..	430	mittelmäßig
			20.654			292 41.6	127.17				2n	
	Br 2232	GΣ	21.739	17 40.4	+24 35	259 41.8	156.12	4	+ 2.3	..	430	gut
			.742			259 42.0	156.15	4-5	+ 2.2	..	430	sehr sicher
			21.740			259 41.9	156.14				2n	
		d	23.426			259 46.4	155.66	2	+ 1.8	..	430	gut
			.508			259 51.6	155.43	3	+ 1.1	..	430	gut
			23.467			259 49.0	155.54				2n	
8182AB	Σ 2241	GΣ	23.505	17 42.8	+72 10	15 00.9	30.72	1-2	+ 2.0	:	430	mittelmäßig
			.510			15 15.2	30.54	2	+ 2.5	..	430	unruhig
			23.508			15 08.0	30.63				2n	
8182AC		GΣ	23.505	17 42.8	+72 10	119 47.2	89.59	2-1	+ 2.8	:	430	mittelmäßig
			.510			119 48.2	89.78	2	+ 3.1	:	430	brauchbar
			23.508			119 47.7	89.68				2n	
8162A-BC	Σ 2220	GΣ	21.745	17 44.5	+27 45	245 38.8	32.61	1-2	+ 1.5	:	830	unsicher
			.753			245 39.2	32.56	3	+ 2.2	:	830	brauchbar
			22.523			245 51.1	32.83	3-2	+ 2.0	:	830	brauchbar
			.553			245 42.8	32.79	3-2	+ 2.0	:	830	sicher
			22.144			245 43.0	32.70				4n	

BDS	Name	Bb	Ep 1900+	1950.0 α δ	p	s	Bd	t	Auge	Vgr	Bemerkungen
8319	Σ 3129	GΣ	30.454	$17^h59^m.7$ $+45^\circ21'$	$168^\circ12'.2$	$30''.84$	2	$+0^h.5$	:	430	brauchbar
			.456		168 34.8	30.86	2	+ 0.3	:	430	sicher
			.801		168 30.6	31.10	3-4	+ 2.9	:	430	recht sicher
			30.570		168 25.9	30.93				3n	
8340Aa	Σ 2272	Pav	16.348	18 02.9 +02 32	225 01.8	39.44	2-1	- 3.8	:	430	brauchbar
			.382		225 01.8	39.38	2-3	- 2.2	:	430	sicher
			.412		224 22.8	38.78	2	- 2.4	:	430	sicher
			16.381		224 48.8	39.20				3n	
		Btz	16.412		224 48.0	39.47	2	- 2.5	:	430	brauchbar
		Btz	21.395		231 45.6	37.26	2-3	- 0.8	:	430	gut
			.630		231 51.0	36.22	2-3	+ 0.8	:	430	sicher
			.641		232 19.8	36.34	2	+ 0.5	:	430	unruhig
			21.555		231 58.8	36.61				3n	
		d	22.498		232 59.4	36.15	3-2	+ 1.9	:	580	schwierig
		GΣ	22.572		233 40.8	35.95	2-1	+ 1.3	:	580	schwierig
		d	23.503		234 23.4	35.18	3-4	+ 1.3	:	580	recht gut
			.617		233 43.2	35.51	2	+ 1.8	:	430	schwierig
			23.560		234 03.3	35.34				2n	
		d	24.529		235 34.8	35.29	3	+ 1.7	:	430	brauchbar
			.551		235 57.6	34.99	2-1	+ 0.8	:	580	sehr schwierig
			.565		235 36.0	35.01	2-3	+ 0.9	:	430	recht brauchbar
			24.548		235 42.8	35.10				3n	
		GΣ	27.727		242 20.4	33.56	1-2	+ 1.9	:	430	schwierig
8340Ad		d	24.529	18 02.9 +02 32	29 05.4	120.56	1-2	+ 0.3	:	430	schwierig
			.549		29 07.1	120.48	2	+ 0.2	:	430	brauchbar
			24.539		29 06.2	120.52				2n	
8340Ag		d	24.529	18 02.9 +02 32	236 24.8	146.78	2-3	+ 0.9	:	430	gut
			.549		236 23.4	146.51	2	+ 0.6	:	430	brauchbar
			24.539		236 24.1	146.64				2n	
8340Ba		Btz	20.436	18 02.9 +02 32	238 36.6	38.50	2-3	+ 0.3	:	430	brauchbar
			.494		238 48.8	38.28	3-2	+ 0.7	:	430	brauchbar
			20.465		238 41.7	38.39				2n	
		Pav	20.436		239 16.8	38.04	2-1	0	:	430	schwierig
			.507		239 18.6	37.93	2	+ 0.7	:	430	mittelmäßig
			20.472		239 17.7	37.98				2n	
		GΣ	32.745		251 52.8	32.27	1-2	+ 1.4	:	430	recht schwierig
			.885		251 45.0	32.57	1	+ 3.3	:	430	zerplatzend
			32.815		251 48.9	32.42				2n	
8441	Σ 2308	d	24.551	18 03.8 +80 00	233 20.3	19.69	3-4	+ 1.7	..	430	gut
			.565		233 26.6	19.68	2-1	+ 1.8	..	430	brauchbar
			24.558		233 23.4	19.68				2n	
8361	h 1313	GΣ	24.476	18 04.4 +28 42	306 04.8	14.18	2	+ 1.2	..	430	mittelmäßig
			.484		307 35.1	14.30	2-1	- 0.5	:	430	mittelmäßig
			24.480		306 50.0	14.24				2n	
8440AC	Σ 2298	GΣ	24.684	18 11.1 +41 22	40 03.6	76.40	2	+ 5.4	:	430	schwierig
			.758		40 01.3	76.29	2-1	+ 1.8	:	430	schwierig
			24.766		40 02.4	76.34				2n	
	GC 24934	d	24.565	18 14.0 +64 44	280 58.1	298.96	3-4	+ 4.2	:	260	brauchbar
			.576		280 51.0	298.91	3	+ 1.3	:	260	gut
			24.570		280 54.6	298.94				2n	
8482AC	Σ 2305	GΣ	24.777	18 15.0 +51 19	196 59.1	99.96	2-3	+ 3.2	:	430	brauchbar
			25.627		196 56.5	99.95	2	+ 3.3	:	430	mittelmäßig
			.638		197 11.3	99.36	2	+ 4.3	:	430	brauchbar
			25.347		197 02.3	99.76				3n	
8496AB	h 5495	GΣ	25.638	18 18.4 +03 21	285 01.8	28.19	2-1	+ 2.3	..	430	zweifelhaft
			.701		285 20.8	28.07	4	+ 2.2	..	430	gut
			25.670		285 11.3	28.13				2n	

BDS	Name	Bb	Ep 1900+	1950.0 α	 δ	p	s	Bd	t	Auge	Vgr	Bemerkungen
8496AC		GΣ	25.638 .701 25.670	$18^h18^m.4$	$+03°21'$	$80°39'.2$ 80 46.9 80 43.0	$57''.58$ 57.87 57.72	2-1 5	$+3^h.0$ + 2.6	.. ..	430 430 2n	zweifelhaft ausgezeichnet
8498	Σ 8 AppII	GΣ	23.685 .696 23.690	18 18.7	-02 55	61 04.6 61 05.0 61 04.8	179.59 179.74 179.66	1-2 2	+ 1.7 + 2.4	: :	430 430 2n	unruhig unruhig
	Br 2311AB	GΣ	23.633 .636 23.634	18 21.6	+21 45	320 30.5 320 31.5 320 31.0	226.33 226.41 226.37	2 2	+ 1.6 + 2.8	.. ..	260 260 2n	brauchbar mittelmäßig
	Br 2311AC	GΣ	23.633 .636 23.634	18 21.6	+21 45	91 18.1 91 28.7 91 23.4	144.57 144.55 144.56	2 2	+ 2.8 + 3.7	.. ..	260 260 2n	schwierig brauchbar
8595	Σ 2322	GΣ	21.794 .797 21.796	18 27.6	+04 02	168 29.6 168 32.1 168 30.8	20.14 20.02 20.08	4 4-5	+ 1.4 + 1.5	: :	430 430 2n	gut sehr gut
8605	Σ 2325	d	24.565 .573 .576 24.571	18 28.6	-10 50	257 48.0 257 10.2 257 25.2 257 30.5	12.50 12.54 12.33 12.46	1-2 3-2 1-2	- 0.9 + 1.4 + 0.5	.. .. ..	430 430 430 3n	wenig sicher mittelmäßig schwierig
8692AB	H V 39	GΣ	21.756 .775 .781 21.771	18 35.2	+38 44	167 50.3 167 52.7 167 38.6 167 47.2	---- 57.12 57.12 57.12	4-5 3-4 4-5	+ 0.5 + 2.4 + 1.8	.. .. ..	430 430 430 3n	Wolken sicher sehr gut
8692AE	Σ 9 AppII	GΣ	21.775 .781 21.778	18 35.2	+38 44	39 11.6 39 15.8 39 13.8	118.47 118.46 118.46	3 5	+ 3.2 + 2.2	: :	430 430 2n	sicher sehr gut
	Br 2354AB	GΣ	21.709 .715 21.712	18 44.8	+18 07	244 59.6 244 44.5 244 52.0	100.87 100.86 100.86	2 1-2	+ 2.3 + 1.7	.. ..	430 430 2n	unruhig mittelmäßig
		d	23.516 .524 23.520			244 55.5 244 56.6 244 56.0	100.36 100.60 100.48	3-2 3-4	+ 0.1 - 1.4	.. ..	430 430 2n	gut sicher
	Br 2354AC	GΣ	21.715 .729 21.722	18 44.8	+18 07	255 46.5 255 47.6 255 47.0	122.65 122.67 122.66	2 4-5	+ 0.9 + 0.2	.. ..	430 430 2n	brauchbar sicher
		d	23.516 .524 23.520			255 44.7 255 44.4 255 44.6	122.47 122.54 122.50	3 3	+ 0.7 - 0.9	.. ..	430 430 2n	gut gut
	Br 2354AD	GΣ	21.715 .729 21.722	18 44.8	+18 07	262 41.2 262 42.2 262 41.7	134.89 134.58 134.74	1-2 4-5	+ 1.4 + 0.4	.. ..	430 430 2n	schwierig sicher
		d	23.516 .524 23.520			262 43.0 262 44.1 262 43.6	134.14 134.30 134.22	2 3	+ 1.2 - 0.3	.. ..	430 430 2n	brauchbar gut
8824AB	Σ 2396	GΣ	21.800 .857 21.828	18 46.1	+10 42	329 06.1 328 47.9 328 57.0	39.67 39.68 39.68	4-5 1-2	+ 1.2 + 2.2	.. ..	430 430 2n	sehr gut unsicher
8830A-BC	Σ 2400	GΣ	21.794 .797 21.796	18 46.7	+16 12	174 23.2 173 48.7 174 06.0	4.46 4.36 4.41	4-5 5	+ 1.7 + 1.7	: :	430 430 2n	sehr gut ausgezeichnet
8862AC	H V 40	GΣ	21.800 .852 21.826	18 47.9	+32 45	121 46.8 121 46.7 121 46.8	58.20 58.36 58.28	3-4 2	+ 2.0 + 3.2	.. ..	430 430 2n	sicher brauchbar
8906	Σ 2420	d	24.538 .551 24.544	18 50.5	+59 20	330 09.8 330 12.8 330 11.3	33.05 33.02 33.04	3-2 3	+ 2.9 + 2.1	.. ..	430 430 2n	gut gut

BDS	Name	Bb	Ep 1900+	1950.0 α	δ	p	s	Bd	t	Auge	Vgr	Bemerkungen
8940	Σ 2424	GΣ	21.715	$18^h56^m.8$	$+13^\circ33'$	$272^\circ28'.7$	$16''.78$	2-1	$+ 0^h.1$	..	430	sehr unruhig
		GΣ	23.742			273 45.9	16.80	1	+ 0.8	..	430	mittelmäßig
			.761			273 53.6	17.03	2-3	+ 1.6	..	430	brauchbar
			23.752			273 49.8	16.92				2n	
		d	23.514			273 21.9	16.75	2	+ 0.9	..	430	wenig sicher
			.522			273 32.2	16.80	1-2	+ 1.4	..	430	wenig sicher
			.533			273 50.0	16.56	4-3	+ 0.8	..	430	sehr sicher
			23.523			273 34.7	16.70				3n	
8977	Σ 2440	d	24.565	18 56.8	+62 20	123 36.6	17.02	2-1	+ 4.0	:	430	schwierig
			.691			122 53.8	17.25	2-3	+ 3.3	:	430	Wind
			.701			123 13.7	17.21	3-2	+ 1.8	:	430	recht gut
			24.652			123 14.7	17.16				3n	
	Br 2390AB	GΣ	21.723	18 57.4	+15 00	186 21.4	130.39	5	+ 0.2	:	430	sehr gut
			.734			186 12.2	130.52	4	+ 0.3	:	430	sicher
			21.728			186 16.8	130.46				2n	
	Br 2390AC	GΣ	21.723	18 57.4	+15 00	162 33.9	147.57	5	+ 0.6	:	430	hervorragend
			.734			162 36.7	147.68	3	+ 1.0	:	430	sicher
			21.728			162 35.3	147.62				2n	
8999	h 1362	GΣ	24.865	19 00.0	+46 52	279 56.6	43.63	2	+ 2.1	..	430	mittelmäßig
		GΣ	25.627			280 40.0	43.18	3-2	+ 3.7	:	430	brauchbar
			.638			280 45.9	43.87	2	+ 4.4	:	430	brauchbar
			.882			281 16.5	44.11	1-2	+ 3.3	:	430	noch brauchbar
			25.716			280 54.1	43.72				3n	
9015	Σ 2445	GΣ	23.890	19 02.5	+23 15	263 48.2	12.47	1-2	+ 2.1	..	430	mittelmäßig
		GΣ	24.610			262 41.7	12.55	2-1	+ 2.4	:	430	mittelmäßig
9053AC	Σ 2461	GΣ	21.748	19 05.5	+32 25	62 50.5	151.54	4-3	+ 0.7	:	430	sicher
			.761			62 44.0	151.41	2-1	+ 2.3	:	430	sehr schwierig
			21.754			62 47.2	151.48				2n	
9053AD		GΣ	21.748	19 05.5	+32 25	294 56.9	128.02	4	+ 1.3	..	430	sicher
			.767			294 58.4	128.11	4-5	+ 0.4	..	430	Uhrwerksstörung
			21.758			294 57.6	128.06				2n	
9053AE		GΣ	21.748	19 05.5	+32 25	116 48.9	149.15	4	+ 2.0	..	430	sicher
			.767			116 51.0	149.31	4-5	+ 1.3	..	430	sicher
			21.758			116 50.0	149.23				2n	
9053AF		GΣ	21.753	19 05.5	+32 25	356 03.7	167.73	4-3	+ 2.0	:	430	recht sicher
		Btz	21.761			356 07.3	167.79	1	+ 2.9	..	430	noch brauchbar
		GΣ	23.685			356 04.6	167.66	2	+ 2.7	:	430	brauchbar
			.688			356 01.7	167.58	4-3	+ 3.4	:	430	sicher
			23.686			356 03.2	167.62				2n	
9114	Tarrant	Btz	17.862	19 09.5	+38 42	200 22.2	7.22	2	+ 3.3	:	580	brauchbar
			20.777			201 13.2	7.03	4	+ 0.6	:	580	gut
			19.320			200 47.7	7.12				2n	
		GΣ	25.757			201 42.0	7.56	1-2	+ 4.7	:	580	verwaschen
			.805			201 29.4	7.63	2	+ 1.5	:	430	sehr schwach
			25.781			201 35.7	7.60				2n	
9167AB-C	OΣ 371	GΣ	23.843	19 13.9	+27 22	268 12.8	47.50	2	+ 2.3	..	430	brauchbar
			.860			268 18.2	47.32	2-1	+ 2.9	..	430	wenig sicher
			23.852			268 15.5	47.41				2n	
9166	h 2862	GΣ	23.868	19 14.1	+21 18	12 09.3	38.99	2	+ 2.0	:	430	mittelmäßig
			.871			12 23.4	39.24	3-2	+ 2.0	:	430	brauchbar
			.874			12 18.3	38.98	2-3	+ 2.5	:	430	brauchbar
			23.871			12 17.0	39.07				3n	
	Br 2452AB	GΣ	21.759	19 22.6	+11 50	145 18.5	79.49	2-1	+ 1.1	:	430	schwierig
			.767			145 13.5	79.33	3-2	+ 2.1	..	430	sehr schwierig
			21.763			145 16.0	79.41				2n	

BDS	Name	Bb	Ep 1900+	1950.0 α δ	p	s	Bd	t	Auge	Vgr	Bemerkungen
	Br 2452AC	GΣ	21.718 .729 21.724	19^{h}22^{m}6 +11°50'	315°34'.9 315 35.9 315 35.4	114".14 114.16 114.15	2-3 4-3	+ 0^{h}3 + 1.4	: :	430 430 2n	brauchbar gut
	Br 2452AD	GΣ	21.718 .729 21.724	19 22.6 +11 50	337 26.7 337 26.2 337 26.4	99.90 100.00 99.95	2-3 4	+ 0.8 + 0.8	: :	430 430 2n	Wolken sicher
9294AB	h 2871	GΣ	24.520 .536 24.528	19 23.3 +19 42	104 27.2 104 22.2 104 24.7	22.48 22.62 22.55	2-3 4-3	+ 0.5 + 0.1	.. ..	430 430 2n	schwierig sicher
9294AC		GΣ	24.520 .536 24.528	19 23.3 +19 42	200 42.2 200 29.5 200 35.8	54.13 53.64 53.88	2 4-3	+ 1.1 + 0.4	: :	430 430 2n	schwierig brauchbar
9300AB	GC 26825	GΣ	22.802 .881 22.842	19 23.4 +24 49	58 49.6 58 33.9 58 41.8	39.51 39.75 39.63	2 2-1	+ 2.2 + 2.6	: :	430 430 2n	brauchbar schwierig
		GΣ	24.865 .873 24.869		57 00.5 56 39.5 56 50.0	40.50 40.54 40.52	2 2-1	+ 2.4 + 2.3	: :	430 430 2n	mittelmäßig mittelmäßig
		d	23.525 .565 .568 23.553		58 31.2 58 00.0 58 07.1 58 12.8	39.55 40.58 40.26 40.13	3 1 3-2	+ 0.9 - 0.6 - 0.5	:	430 430 430 3n	gut schwierig recht gut
9300AC		GΣ	24.865 .873 24.869	19 23.4 +24 49	25 40.0 25 46.2 25 43.1	67.77 67.91 67.84	2 1-2	+ 2.8 + 2.9	: :	430 430 2n	schwierig sehr schwierig
9300AD		d	23.525 .566 .568 23.553	19 23.4 +24 49	281 12.2 281 35.5 281 17.7 281 21.8	88.16 88.62 88.35 88.38	3 1-2 3-2	+ 1.7 + 0.4 + 0.2	.. .. ..	430 430 430 3n	brauchbar schwierig recht gut
9308AB	Σ 2521	GΣ	21.800 .852 21.826	19 24.3 +19 48	36 46.4 36 41.4 36 43.9	25.48 25.35 25.42	2 2	+ 1.8 + 3.3	: :	430 430 2n	brauchbar brauchbar
9355AB	Σ 2532	GΣ	23.641 .671 .674 23.662	19 27.7 +02 48	4 45.7 4 24.9 4 26.9 4 32.5	33.54 33.43 33.41 33.46	2-1 2-1 3	+ 2.2 + 0.5 + 0.8	: : :	430 430 430 3n	brauchbar mittelmäßig brauchbar
		d	23.642 .828 23.735		4 15.4 4 04.0 4 09.7	33.51 33.46 33.48	2-3 3-2	+ 1.0 + 1.7	: :	430 430 2n	brauchbar gut
9355AC		GΣ	23.641 .671 .674 23.662	19 27.7 +02 48	197 24.9 197 22.4 197 21.0 197 22.8	119.84 119.76 119.76 119.79	2 2 2	+ 2.8 + 1.3 + 1.4	: : :	430 430 430 3n	Wolken mittelmäßig mittelmäßig
		d	23.642 .828 23.735		197 06.4 197 06.4 197 06.4	119.81 119.87 119.84	2 3-2	+ 1.5 + 2.0	: :	430 430 2n	gut sicher
9404AD	β 653	GΣ	21.739 .742 21.740	19 31.6 +07 16	343 37.3 343 25.8 343 31.6	66.30 66.11 66.20	4-5 4	+ 1.2 + 1.1	: :	430 430 2n	sehr gut sehr sicher
		d	23.590 .593 23.592		343 39.1 343 39.0 343 39.0	66.47 66.64 66.56	1 2-1	- 0.5 + 0.8	: :	430 430 2n	recht brauchbar brauchbar
9404AE		GΣ	21.739 .742 21.740	19 31.6 +07 16	69 15.6 69 20.4 69 18.0	177.58 177.44 177.51	4-5 4	+ 1.7 + 1.6	.. ..	430 430 2n	sicher sehr sicher
		d	23.590 .593 .607 23.597		69 15.2 69 15.3 69 16.0 69 15.5	177.37 177.23 177.63 177.41	1 1 2	+ 0.1 + 1.3 + 0.5	.. .. ..	430 430 430 3n	Wolken brauchbar recht brauchbar

BDS	Name	Bb	Ep 1900+	1950.0 α δ	p	s	Bd	t	Auge	Vgr	Bemerkungen
9485AC	β 1131	GΣ	23.701 .715 23.708	19h35m.1 +50°06'	182°03'.9 181 58.4 182 01.2	48".43 48.43 48.43	1 1	+ 2h.8 + 4.4	.. ..	430 430 2n	schwierig schwierig
9485AD		GΣ	23.701 .715 23.708	19 35.1 +50 06	40 04.6 40 01.9 40 03.2	81.80 82.42 82.11	1 1	+ 3.5 + 3.5	: :	430 430 2n	schwierig schwierig
9560	Σ 46 AppI	GΣ	23.764 .794 23.779	19 40.6 +50 24	134 27.0 134 31.8 134 29.4	38.61 38.58 38.60	1-2 2	+ 3.8 + 2.1	.. ..	430 430 2n	Wolken mittelmäßig
9617AB	Σ 2580	Btz	21.718	19 44.5 +33 37	70 42.0	25.94	2-1	+ 0.9	:	430	unsicher
		GΣ	21.770 .791 .857 23.761 22.295		70 42.0 70 48.1 70 52.9 70 35.1 70 44.5	----- 26.04 26.03 25.94 26.00	4 3-4 2-1 1-2	+ 2.3 + 3.o + 1.8 + 3.0	: : : :	430 430 430 430 4n	Wolken gut brauchbar unsicher
9617AC		Btz	21.718	19 44.5 +33 37	138 14.4	137.06	2	+ 1.3	:	430	mittelmäßig
		GΣ	21.857		138 25.7	137.05	2	+ 2.5	:	430	mittelmäßig
9657	Σ10 AppII	GΣ	23.319 .406 .483 23.403	19 48.3 +08 44	301 29.4 301 32.5 301 30.2 301 30.7	165.57 165.19 165.45 165.40	2-1 3-2 1-2	- 1.9 - 0.6 - 0.4	:	430 430 430 3n	brauchbar sicher brauchbar
9677AB	h 603	GΣ	21.709 .764 .909 21.794	19 48.8 +38 35	105 34.4 105 38.6 105 38.2 105 37.1	54.37 54.15 54.28 54.27	2-3 2-1 4-5	+ 2.3 + 4.0 + 1.5	.. .. ..	430 430 430 3n	brauchbar brauchbar sehr gut
		d	23.607 .612 23.610		105 53.0 105 57.3 105 55.2	54.99 55.19 55.09	3 1	+ 1.2 + 0.4	.. ..	430 430 2n	gut brauchbar
9677AC		Btz	21.709	19 48.8 +38 35	311 58.5	168.91	2	+ 2.7	..	430	Wind
		GΣ	21.904 .909 21.906		312 02.0 312 00.5 312 01.2	168.92 168.78 168.85	3 5	+ 1.8 + 2.0	.. ..	430 430 2n	gut hervorragend
		d	23.607 .612 23.610		311 54.3 311 56.3 311 55.3	168.30 168.32 168.31	3 2-3	+ 1.8 + 2.1	.. ..	430 430 2n	brauchbar brauchbar
9677AD		GΣ	21.909 23.819 22.864	19 48.8 +38 35	322 36.2 322 32.2 322 34.2	103.64 103.42 103.53	5 2-1	+ 2.5 + 1.1	.. ..	430 430 2n	sicher Wolken
		d	23.612 .618 23.615		322 42.0 322 31.8 322 36.9	103.24 103.20 103.22	3 2-3	+ 1.8 + 1.1	.. ..	430 430 2n	brauchbar brauchbar
9724AC	OΣ 532	GΣ	25.778 .786 25.782	19 52.9 +06 17	348 20.8 348 16.6 348 18.7	175.15 174.88 175.02	2-1 1-2	+ 0.7 + 1.0	: :	260 430 2n	sehr schwierig schwierig
9845AC	Σ 2619	d	24.702 .751 .759 24.737	19 59.6 +48 07	313 38.4 312 45.3 313 02.1 313 08.6	17.21 16.95 17.03 17.06	3 3 2	+ 1.5 + 3.5 + 2.5	.. .. ..	430 430 430 3n	recht gut recht gut mittelmäßig
	Br 2568AB	GΣ	21.770 .772 21.771	20 01.9 +16 56	276 25.5 276 23.8 276 24.6	189.58 189.56 189.57	4-5 4-3	+ 0.4 + 2.7	.. ..	430 430 2n	sehr gut recht sicher
	Br 2567AC	d	22.897 23.023 22.960	20 01.9 +16 56	320 42.0 320 44.2 320 43.1	204.22 204.13 204.18	3 3-2	+ 1.8 + 0.6	.. ..	260 430 2n	gut recht brauchbar
	Br 2567AD	d	23.514 .525 23.520	20 01.9 +16 56.	230 48.0 230 49.6 230 48.8	183.73 183.29 183.51	3 3	+ 0.6 + 1.7	: :	430 430 2n	recht gut gut

BDS	Name	Bb	Ep 1900+	1950.0 α δ	p	s	Bd	t	Auge	Vgr	Bemerkungen
9882	h 1471	GΣ	24.659 .684 24.672	$20^h02^m.6$ $+32°05'$	6°53'.3 6 44.0 6 48.6	30".88 30.87 30.87	3 2	$+1^h.0$ + 4.2	: :	430 430 2n	brauchbar schwierig
9903	h 1479	GΣ	23.871 .874 23.872	20 03.7 +25 27	1 57.3 2 03.1 2 00.2	33.86 33.91 33.88	2 2	+ 0.8 + 2.4	: :	430 430 2n	mittelmäßig recht sicher
9935AB	Σ 2640	GΣ	24.747 .763 24.755	20 04.1 +63 45	17 17.9 18 27.0 17 52.4	5.48 5.70 5.59	2-1 1-2	+ 4.3 + 4.7	.. :	430 430 2n	schwierig schwierig
9935AC		GΣ	24.747 .763 24.755	20 04.1 +63 45	81 19.9 81 07.4 81 13.6	153.35 153.34 153.34	2 2	+ 3.7 + 5.3	: :	260 260 2n	schwierig brauchbar
9905	h 1477	GΣ	23.874 .879 24.659 24.103	20 04.2 +12 32	271 48.3 271 28.3 271 36.6 271 37.7	20.64 20.42 20.39 20.48	3 2 2-3	+ 2.8 + 2.7 + 1.6	.. .. ..	430 430 430 3n	Wolken brauchbar brauchbar
9950	Σ 2635	GΣ	23.890 .934 .967 23.930	20 07.7 +08 18	79 13.3 79 33.7 80 43.2 79 50.1	7.44 7.41 7.44 7.43	1-2 1 1	+ 1.7 + 3.4 + 3.0	:	430 430 430 3n	sehr schwierig unsicher sehr schwierig
9950AC		GΣ	23.890 .967 23.928	20 07.7 +08 18	41 44.2 41 48.2 41 46.2	73.82 73.89 73.86	2 1	+ 2.2 + 3.7	: :	430 430 2n	sehr schwierig Wolken
9955AB	Σ 2637	GΣ	23.688 .693 23.690	20 07.7 +20 46	328 03.3 328 23.2 328 13.2	11.64 11.57 11.60	3 4	+ 3.6 + 1.2	.. ..	430 430 2n	gut recht sicher
9955AC		GΣ	23.688 .693 23.690	20 07.7 +20 46	223 49.5 223 50.1 223 49.8	81.19 81.08 81.14	2 4	+ 4.8 + 1.7	: :	430 430 2n	wenig sicher recht sicher
9955AD		GΣ	23.688 .693 23.690	20 07.7 +20 46	227 53.0 227 54.6 227 53.8	162.24 162.08 162.16	2-3 4-3	+ 4.2 + 2.5	: :	430 430 2n	brauchbar mittelmäßig
9973AB	S 738	d	24.748 .759 24.754	20 08.6 +33 29	109 01.7 108 53.7 108 57.7	41.57 41.48 41.52	2-3 2-3	+ 1.6 + 0.5	.. ..	430 430 2n	brauchbar recht gut
	GC28012AB	d	24.860 .868 24.864	20 08.8 +16 02	150 48.8 150 52.1 150 50.4	161.37 161.52 161.44	2 2-3	+ 0.8 + 0.8	: ..	430 430 2n	brauchbar recht brauchbar
	GC28012AC	d	24.860 .868 24.864	20 08.8 +16 02	291 08.6 291 03.8 291 06.2	76.57 76.36 76.46	2 2-3	+ 1.2 + 1.2	.. ..	430 430 2n	brauchbar recht brauchbar
	Br 2598AB	GΣ	21.718 .723 21.720	20 12.7 +36 39	22 50.8 22 47.9 22 49.4	221.44 221.48 221.46	2-3 5	+ 2.4 + 1.4	: :	430 430 2n	Uhrwerksstörung hervorragend
	Br 2598AC	GΣ	21.718 .723 21.720	20 12.7 +36 39	338 48.7 339 02.8 338 55.8	38.32 38.15 38.24	3-2 4-3	+ 2.9 + 1.9	: :	430 430 2n	Uhrwerksstörung Wolken
	Br 2598/2599	d	23.986 24.036 24.011	20 12.7 +36 39	153 28.9 153 28.2 153 28.6	212.99 212.91 212.95	1-2 3	+ 3.3 + 4.4	.. ..	260 260 2n	brauchbar sehr gut
	Br 2599	d	24.745 .748 24.746	20 12.8 +36 36	120 04.0 120 03.9 120 04.0	217.13 217.07 217.10	2 3	+ 1.8 + 1.0	.. ..	260 260 2n	recht brauchbar recht gut
	GC 28503	d	24.751 .753 24.752	20 27.0 -18 45	239 10.8 239 07.2 239 09.0	21.94 22.00 21.97	2 2-3	+ 0.8 + 0.4	.. ..	430 430 2n	wenig sicher brauchbar

BDS	Name		Bb	Ep 1900+	1950.0 α δ	p	s	Bd	t	Auge	Vgr	Bemerkungen
10309	S	755	Btz	21.800	$20^h29^m.3$ +49°03'	278°17'.5	60".04	3	+ $3^h.5$	..	430	Wind
			GΣ	22.900		278 36.3	60.52	2	+ 1.0	:	430	mittelmäßig
10315	S	756	GΣ	21.800	20 29.8 +49 03	323 29.2	57.65	2-3	+ 3.8	..	430	brauchbar
				22.900		323 37.1	57.78	2-1	+ 1.5	..	430	Wolken
				22.350		323 33.2	57.72				2n	
10363AB-C	h	--	d	24.751	20 35.2 +14 25	120 18.4	22.75	3	+ 1.3	..	430	gut
				.753		120 50.5	22.85	2-3	+ 1.0	..	430	brauchbar
				24.752		120 34.4	22.80				2n	
10363AB-D	Σ	2704	d	24.751	20 35.2 +14 25	327 25.3	39.26	3-2	+ 2.0	..	430	gut
				.759		327 25.8	39.11	1-2	+ 1.1	..	430	schwierig
				24.755		327 25.6	39.18				2n	
10390AB	OΣ	533	GΣ	23.840	20 36.7 +09 55	293 41.5	22.06	2	+ 1.8	..	430	Wolken
				.843		293 18.1	22.05	2-1	+ 2.5	..	430	schwierig
				.860		293 46.4	21.69	1	+ 0.3	..	430	schwierig
				23.848		293 35.3	21.93				3n	
10386AB	h	2984	GΣ	24.857	20 36.8 +00 19	220 33.2	59.98	1-2	+ 0.2	:	430	wenig sicher
				.873		220 51.6	59.47	1-2	+ 2.3	:	430	zweifelhaft
				.903		220 44.3	59.63	2	+ 1.4	:	430	sehr schwierig
				24.878		220 43.0	59.69				3n	
10386AC			GΣ	24.857	20 36.8 +00 19	35 31.2	69.81	2-1	+ 1.0	:	430	sehr schwierig
				.873		35 29.4	69.75	1-2	+ 2.9	:	430	zweifelhaft
				24.865		35 30.3	69.78				2n	
10402AB	Σ	2708	GΣ	21.794	20 36.8 +38 28	327 29.6	33.11	4-3	+ 2.1	..	430	gut
				.797		327 34.7	33.00	3	+ 2.2	..	430	brauchbar
				21.796		327 32.2	33.06				2n	
			d	23.604		327 38.6	33.39	3-4	+ 2.6	..	430	gut
				.612		327 30.6	33.32	3	+ 2.0	..	430	gut
				23.608		327 34.6	33.36				2n	
10402AC			GΣ	21.797	20 36.8 +38 28	219 15.1	113.49	4-3	+ 2.7	:	430	gut
			d	23.618		219 20.7	113.78	3	+ 0.9	:	430	brauchbar
				.828		219 27.5	113.27	3	+ 2.5	:	430	gut
				.864		219 26.5	113.66	2-1	+ 2.3	:	430	brauchbar
				23.770		219 24.9	113.57				3n	
	Br	2669	GΣ	23.671	20 37.5 +11 04	7 56.9	190.67	2	+ 1.2	:	430	brauchbar
				.685		7 57.7	190.93	1-2	+ 0.3	:	430	mittelmäßig
				.688		8 00.9	190.84	4-3	+ 2.6	:	430	sicher
				23.681		7 58.5	190.81				3n	
10423AB-C	OΣ	410	GΣ	23.860	20 37.7 +40 24	69 25.5	68.98	2-1	+ 2.2	:	430	mittelmäßig
				.863		69 24.8	68.84	1-2	+ 1.7	:	430	mittelmäßig
				.865		69 30.2	68.94	3	+ 1.4	:	430	brauchbar
				23.863		69 26.8	68.92				3n	
10423AB-D			GΣ	23.865	20 37.7 +40 24	326 39.0	104.52	3	+ 2.0	..	430	gut
				.879		326 35.9	104.60	2	+ 2.8	..	430	brauchbar
				23.872		326 37.4	104.56				2n	
10512	β	676	GΣ	23.843	20 44.2 +33 47	289 26.0	44.17	2	+ 1.8	..	430	schwierig
				.863		289 09.3	44.35	2-1	+ 1.2	..	430	brauchbar
				23.853		289 17.6	44.26				2n	
10509	Σ	2727	d	23.872	20 44.3 +15 57	270 17.9	10.66	2	+ 1.1	..	430	gut
				.986		270 00.5	10.70	3-2	+ 2.1	..	430	sicher
				23.879		270 09.2	10.68				2n	
10535	β	---	GΣ	25.745	20 44.3 +61 39	47 36.1	68.48	2-1	+ 2.2	..	430	sehr schwierig
				.846		47 40.0	68.17	2	+ 4.1	:	430	Wolken
				.882		47 44.6	68.44	1-2	+ 2.3	..	430	brauchbar
				25.824		47 40.2	68.36				3n	
10533AB-C	OΣ	413	GΣ	21.896	20 45.5 +36 18	105 14.4	84.58	1-2	+ 0.3	:	430	Wolken
				.898		105 15.3	84.35	1	+ 2.3	:	430	schwierig
				21.897		105 14.8	84.46				2n	

BDS	Name	Bb	Ep 1900+	1950.0 α δ	p	s	Bd	t	Auge	Vgr	Bemerkungen
10546AB	GC 29037	GΣ	21.759	$20^h47^m.2$ $+12^\circ21'$	$82^\circ17'.9$	$107''.98$	2-1	$+2^h.3$	..	430	schwierig
			.764		82 21.8	107.56	3-2	+ 0.2	..	430	brauchbar
			21.762		82 19.8	107.77				2n	
		d	23.593		82 23.2	108.29	2-3	+ 1.1	..	430	brauchbar
			.604		82 22.5	107.93	2-3	+ 1.0	..	430	gut
			23.598		82 22.8	108.11				2n	
10546AC		GΣ	21.759	20 47.2 +12 21	280 16.0	180.77	2	+ 3.1	..	430	brauchbar
			.764		280 19.2	181.21	2-1	+ 0.9	..	430	schwierig
			21.762		280 17.6	180.99				2n	
		d	23.593		280 19.2	180.61	2-3	+ 1.5	..	430	schwierig
			.604		280 16.1	180.40	3-4	+ 1.7	..	430	recht gut
			23.598		280 17.6	180.50				2n	
	Br 2702AB	GΣ	23.647	20 48.3 +43 52	45 54.5	72.46	2	+ 1.8	:	430	mittelmäßig
			.660		45 56.5	72.49	2-1	+ 1.3	:	430	Dunst
			23.654		45 55.5	72.48				2n	
	Br 2702AC	GΣ	23.647	20 48.3 +43 52	77 58.4	117.21	2-1	+ 2.6	:	430	schwierig
			.660		77 52.6	117.46	1	+ 2.3	:	430	unsicher
			23.654		77 55.5	117.34				2n	
	Br 2716AB	GΣ	21.781	20 56.0 +10 39	161 39.6	197.69	4	+ 2.3	..	430	Nebel
			.791		161 44.1	197.79	4-3	+ 0.6	:	430	gut
			21.786		161 41.8	197.74				2n	
	Br 2716AC	GΣ	21.791	20 56.0 +10 39	336 11.2	130.16	3-4	+ 1.2	:	430	brauchbar
			.794		336 11.4	130.14	4-3	+ 1.2	:	430	brauchbar
			21.792		336 11.3	130.15				2n	
10643AB-C	Σ 2737	d	24.759	20 56.6 +04 06	72 30.7	11.00	2	+ 0.2	..	430	brauchbar
			.778		72 25.6	10.85	2-3	+ 1.2	..	430	recht brauchbar
			24.768		72 28.2	10.92				2n	
10659AB	Σ 2741	GΣ	24.900	20 56.9 +50 16	28 33.8	2.00	2	+ 1.1	:	430	mittelmäßig
			25.655		30 38.7	2.00	1-2	+ 1.9	:	430	brauchbar
			.696		30 05.4	2.15	1-2	+ 2.5	:	430	sehr schwierig
			25.417		29 45.0	2.05				3n	
10659AC		GΣ	24.900	20 56.9 +50 16	356 19.2	139.10	2	+ 1.7	:	430	brauchbar
			25.655		356 08.4	139.06	2-1	+ 3.5	..	430	brauchbar
			.696		356 16.9	139.42	2	+ 3.1	..	430	brauchbar
			25.417		356 14.8	139.19				3n	
10670AB	Σ 2743	Btz	21.800	20 58.1 +47 20	352 08.0	20.29	3-4	+ 3.7	..	430	gut
		GΣ	22.900		352 26.2	20.45	2-1	+ 1.8	..	430	mittelmäßig
			23.699		352 23.5	20.30	2	+ 0.3	:	430	mittelmäßig
			.742		352 39.9	20.32	2	+ 2.5	..	430	brauchbar
			23.447		352 29.9	20.36				3n	
10670AC		GΣ	21.800	20 58.1 +47 20	141 15.2	26.82	3	+ 4.0	..	430	brauchbar
			22.900		141 00.2	-----	2-1	+ 2.1	..	430	Wolken
			23.742		141 27.4	26.85	1	+ 1.9	..	430	brauchbar
			22.814		141 14.3	26.84				3n	
	GC29447AB	d	24.860	21 02.9 +06 53	210 02.2	97.85	2	+ 1.4	:	430	brauchbar
			.868		210 06.8	97.99	2-3	+ 0.8	:	430	gut
			24.864		210 04.5	97.92				2n	
	GC29447AC	d	24.860	21 02.9 +06 53	117 00.9	193.16	2-1	+ 1.8	..	430	mittelmäßig
			.868		117 00.7	192.92	3-2	+ 1.2	..	430	gut
			24.864		117 00.8	193.04				2n	
10725AB	Σ 2754	GΣ	24.903	21 03.8 +12 59	300 54.6	32.12	2	+ 1.7	..	430	brauchbar
			25.627		300 47.8	32.01	2-3	+ 2.3	..	430	brauchbar
			.696		300 50.4	32.06	1-2	+ 0.8	..	430	sehr unruhig
			25.409		300 50.9	32.06				3n	
10725AC		GΣ	24.903	21 03.8 +12 59	225 22.0	---	2	+ 2.2	:	430	Wolken
			25.627		225 21.3	150.27	2-3	+ 3.0	:	430	brauchbar
			.696		225 23.6	150.46	1-2	+ 1.5	:	430	schwierig
			25.409		225 22.3	150.38				3n	

BDS	Name	Bb	Ep 1900+	1950.0 α	δ	p	s	Bd	t	Auge	Vgr	Bemerkungen
10732AC	Σ 2758	d	24.696	21h04m.7	+38°30'	203°57'.5	383".01	2-1	+ 2h.5	:	260	mittelmäßig
			.745			204 03.4	383.45	2	+ 2.3	:	260	mittelmäßig
			.781			204 03.1	383.20	3-2	+ 1.6	:	260	recht gut
			24.741			204 01.3	383.22				3n	
10732BC		d	24.696	21 04.7	+38 30	207 29.9	375.37	2	+ 1.9	:	260	brauchbar
			.745			207 33.7	375.95	2	+ 1.6	:	260	recht brauchbar
			.781			207 34.8	375.92	3-2	+ 2.0	:	260	recht gut
			24.741			207 32.8	375.75				3n	
10782AC	β 71	GΣ	24.857	21 07.9	+09 56	4 42.4	47.68	2-1	+ 1.3	:	430	sehr schwierig
			.878			4 49.1	47.68	3	+ 0.3	:	430	sicher
			25.638			4 42.8	47.70	2-3	+ 3.9	:	430	Dunst
			25.124			4 44.8	47.69				3n	
10829AB-C	Σ 2777	GΣ	21.731	21 12.0	+09 48	14 44.9	49.18	2	+ 0.5	:	430	sehr unruhig
		d	23.522			14 13.5	49.77	2-1	- 0.2	:	430	brauchbar
			.568			14 38.9	49.90	2	- 0.7	:	430	brauchbar
			23.545			14 26.2	49.84				2n	
10846AB-D	AGC 13	d	24.765	21 12.8	+37 49	210 01.3	169.90	2-1	+ 2.7	:	430	brauchbar
			.778			210 03.4	170.09	2-3	+ 1.4	:	430	gut
			24.772			210 02.4	170.00				2n	
10862	h 1631	GΣ	25.948	21 13.9	+51 04	17 13.8	49.31	2	+ 3.5	:	430	recht gut
			.980			17 07.7	49.34	2	+ 4.9	:	430	brauchbar
			25.964			17 10.8	49.32				2n	
10885AB	OΣ 433	GΣ	24.878	21 15.9	+34 41	219 45.9	15.17	3	+ 0.8	:	430	recht gut
			.900			219 35.1	15.26	2	+ 2.0	:	430	brauchbar
			24.889			219 40.5	15.22				2n	
10885AC		GΣ	24.878	21 15.9	+34 41	180 20.5	21.61	3	+ 1.3	:	430	brauchbar
			.900			180 37.0	21.44	2	+ 1.4	:	430	brauchbar
			24.889			180 28.8	21.52				2n	
10932AB	Σ 11AppII	GΣ	21.753	21 19.8	+19 35	311 09.2	36.35	3	+ 1.8	..	430	gut
			.761			310 48.0	36.23	1	+ 1.9	..	430	zweifelhaft
			21.757			310 58.6	36.29				2n	
10932AC		GΣ	21.753	21 19.8	+19 35	19 13.5	74.44	2	+ 2.5	:	430	schwierig
			.761			18 54.0	74.22	1	+ 2.7	:	430	sehr schwierig
			21.757			19 03.8	74.33				2n	
10959	h 1641	GΣ	23.890	21 21.7	+24 03	309 34.3	53.87	2-1	+ 1.7	..	430	brauchbar
			.972			309 08.0	54.00	1-2	+ 2.8	..	430	schwierig
			24.024			309 09.9	53.82	2-1	+ 3.8	..	430	zweifelhaft
			23.962			309 17.4	53.90				3n	
11005AB	h 1647	GΣ	24.651	21 26.7	+21 58	177 36.1	41.02	2-3	+ 2.0	:	430	brauchbar
			.692			177 27.8	40.94	1-2	+ 1.8	:	430	schwierig
			24.672			177 32.0	40.98				2n	
11005AC		GΣ	24.651	21 26.7	+21 58	126 42.2	40.98	2-3	+ 2.6	..	430	mittelmäßig
			.692			126 18.3	40.68	1-2	+ 2.5	..	430	zweifelhaft
			24.672			126 27.6	40.83				2n	
11051AC	Σ 2804	GΣ	22.659	21 30.6	+20 29	105 22.9	97.05	2	+ 1.3	..	430	sehr schwierig
			.692			105 29.7	97.10	1-2	+ 1.0	..	430	mittelmäßig
			22.675			105 26.3	97.08				2n	
11107	Σ 57 AppI	GΣ	24.777	21 33.4	+66 30	345 11.1	123.82	3-2	+ 4.1	..	430	brauchbar
			.791			345 29.8	123.88	2	+ 2.5	..	260	mittelmäßig
			24.784			345 20.4	123.85				2n	
11079	h 938	GΣ	23.890	21 33.9	+07 40	146 50.0	16.41	2-1	+ 2.1	..	430	schwierig
			.934			145 24.7	16.76	1	+ 2.8	:	430	unsicher
			23.912			146 07.4	16.58				2n	
11125AB-C	β 1212	GΣ	25.786	21 36.9	-00 17	149 54.8	40.87	1-2	+ 0.4	:	430	sehr schwierig
			.860			150 13.4	40.66	1	+ 0.7	:	430	schwierig
			.879			150 23.0	40.77	2	+ 0.3	:	430	schwierig
			25.842			150 10.4	40.77				3n	

BDS	Name	Bb	Ep 1900+	1950.0 α δ	p	s	Bd	t	Auge	Vgr	Bemerkungen
11184AB	S 796	GΣ	25.715	21h39m.6 +40°35'	231°34'.8	62".15	2	+ 1h.5	:	430	sehr wechselnd
			.740		231 33.9	62.12	2-3	+ 1.0	:	430	brauchbar
			25.728		231 34.4	62.14				2n	
11184AC		GΣ	25.740	21 39.6 +40 35	277 52.2	137.68	2	+ 1.6	..	430	sehr schwierig
			.879		277 50.9	137.49	3	+ 1.1	..	430	recht gut
			25.810		277 51.6	137.58				2n	
11214AB-D	Σ 2822	GΣ	21.729	21 41.9 +28 31	52 20.3	204.26	3-2	+ 2.2	:	430	Wolken
		d	24.765		52 09.3	203.84	2	+ 1.7	:	260	recht brauchbar
			.778		52 06.2	203.62	3	+ 1.5	:	260	gut
			24.772		52 07.8	203.73				2n	
	Pi 267 AB	GΣ	21.712	21 42.1 +28 33	196 05.5	115.52	1-2	+ 0.8	:	430	schwierig
			.737		196 12.3	115.31	3	+ 1.7	:	430	schwierig
			21.724		196 08.9	115.42				2n	
	Pi 267 AC	GΣ	21.712	21 42.1 +28 33	15 03.0	91.18	2-3	+ 1.0	:	430	mittelmäßig
			.720		14 58.9	91.33	3	+ 2.5	:	430	mittelmäßig
			21.716		15 03.0	91.26				2n	
	Pi 267 AD	GΣ	21.720	21 42.1 +28 33	15 54.6	191.13	3-2	+ 1.7	:	430	mittelmäßig
			.737		15 53.6	190.88	3	+ 2.5	:	430	zweifelhaft
			21.728		15 54.1	191.00				2n	
11222AC	Σ 2824	GΣ	23.671	21 42.4 +25 25	296 36.4	13.01	2	+ 1.1	..	430	brauchbar
			.685		296 25.6	12.96	2-1	+ 0.9	..	430	mittelmäßig
			23.678		296 31.0	12.98				2n	
11327	Σ 2838	GΣ	23.696	21 52.0 -03 33	183 41.3	18.89	2-3	- 0.3	:	430	Wolken
			.699		183 00.4	19.00	1	0	:	430	unsicher
			.794		183 55.0	18.95	2	- 0.8	:	430	mittelmäßig
			23.730		183 32.2	18.95				3n	
11428	h 289	GΣ	25.655	21 58.7 +12 53	323 43.5	54.56	2-1	+ 3.3	..	430	sehr schwierig
			.696		324 06.4	54.76	2-1	+ 2.8	..	430	schwierig
			25.676		323 55.0	54.66				2n	
11514AB	Σ 2873	GΣ	21.764	22 00.4 +82 38	71 25.6	13.90	2	+ 2.6	..	430	brauchbar
			.794		71 47.5	13.80	4-3	+ 4.6	:	430	schwierig
			21.779		71 36.6	13.85				2n	
11514AC		Btz	21.764	22 00.4 +82 38	205 11.6	145.23	3	+ 2.9	..	430	brauchbar
			.794		204 54.9	144.92	4	+ 4.9	..	430	gut
			21.779		205 03.2	145.08				2n	
11477AB	OΣ 461	GΣ	23.701	22 02.2 +59 34	297 04.8	11.24	2-1	+ 2.0	:	430	wenig sicher
			.824		296 37.7	11.23	3-2	+ 2.2	:	430	recht sicher
			23.762		296 51.2	11.24				2n	
11477AC		GΣ	23.701	22 02.2 +59 34	39 01.7	89.89	1-2	+ 2.6	..	430	mittelmäßig
			.824		39 16.2	89.94	2-3	+ 1.6	:	430	brauchbar
			23.762		39 09.0	89.92				2n	
	FK_5 831	GΣ	22.906	22 04.7 +25 06	221 55.7	107.49	1	+ 0.8	:	430	sehr schwierig
	GC 30932		23.671		221 55.5	107.74	2-1	+ 1.5	:	430	unruhig
			.685		222 13.7	107.74	1-2	+ 1.2	:	430	unsicher
			.696		222 04.1	107.57	2-3	+ 0.3	:	430	mittelmäßig
			23.490		222 02.2	107.64				4n	
11526AB	β ---	GΣ	23.865	22 07.0 +33 06	321 20.2	27.48	4	+ 1.3	:	430	sicher
			.879		320 56.4	27.57	2	+ 2.7	..	430	mittelmäßig
			23.872		321 08.3	27.52				2n	
11526AC		GΣ	23.808	22 07.0 +33 06	263 14.1	70.36	2-1	+ 2.2	:	430	Wolken
			.824		263 08.3	70.09	3-2	+ 2.8	:	430	recht sicher
			.827		262 56.9	70.35	3-2	+ 0.4	:	430	recht sicher
			23.820		263 06.4	70.27				3n	
		d	23.872		262 50.7	70.27	2	+ 1.7	..	430	brauchbar
			.880		263 18.1	70.04	2-3	+ 3.2	..	430	brauchbar
			.987		263 20.6	70.27	2	+ 2.2	..	430	brauchbar
			23.880		263 09.8	70.19				3n	

BDS	Name	Bb	Ep 1900+	1950.0 α δ	p	s	Bd	t	Auge	Vgr	Bemerkungen
11526AD		d	23.866	22h07m.0 +33°06'	88°40'.5	189".36	3	+ 1h.6	..	430	gut
			.869		88 35.9	189.10	2	+ 1.0	..	430	brauchbar
			.872		88 34.6	189.24	2	+ 2.2	..	430	gut
			23.869		88 37.0	189.23				3n	
11542AD	Σ 2872	GΣ	24.747	22 06.9 +59 03	152 37.9	117.54	2	+ 3.1	..	430	brauchbar
			.791		152 33.3	117.72	2-1	+ 2.9	..	430	brauchbar
			24.769		152 35.6	117.63				2n	
11559AB	h 1741	GΣ	23.890	22 09.2 +50 35	302 55.0	27.79	.2	+ 2.2	:	430	mittelmäßig
			24.021		302 40.4	27.47	1-2	+ 3.3	..	430	brauchbar
			23.956		302 47.7	27.63				2n	
11559AC		GΣ	23.891	22 09.2 +50 35	274 30.9	51.45	3	+ 2.7	:	430	gut
			.987		274 03.6	50.97	1-2	+ 3.3	:	430	schwierig
			24.074		274 50.4	51.58	3	+ 5.1	:	430	gut
			23.984		274 28.3	51.33				3n	
11559AD		d	23.891	22 09.2 +50 35	271 32.3	73.54	3	+ 3.2	:	430	gut
			24.036		271 32.1	73.64	1-2	+ 3.8	:	430	brauchbar
			.074		271 25.1	73.80	3	+ 4.5	:	430	gut
			24.000		271 29.8	73.66				3n	
11568AB	OΣ 465	GΣ	24.777	22 10.0 +49 57	320 35.5	14.40	2-3	+ 2.7	..	430	brauchbar
			.791		320 11.2	14.52	2	+ 5.2	..	430	mittelmäßig
			24.784		320 23.4	14.46				2n	
	Br 2926	GΣ	21.731	22 10.0 +56 35	32 51.0	71.90	3	+ 2.2	:	430	sicher
			.739		32 59.8	71.64	5	+ 2.0	:	430	ausgezeichnet
			21.735		32 55.4	71.77				2n	
11592AB	Σ 2877	GΣ	22.796	22 11.9 +16 57	8 33.7	13.88	2-1	+ 0.4	:	430	brauchbar
			.836		9 11.6	13.89	2	+ 2.5	:	430	schwierig
			25.805		9 50.8	14.07	1	+ 0.8	:	430	unsicher
			23.813		9 12.0	13.95				3n	
		d	22.796		10 03.2	14.18	1-2	+ 2.0	:	430	gut
			23.842		9 35.2	14.09	2-3	+ 1.6	:	430	Wolken
			.866		9 32.0	14.07	3	+ 2.2	:	430	gut
			23.501		9 43.5	14.11				3n	
11592AC		GΣ	22.796	22 11.9 +16 57	43 48.0	86.37	1-2	+ 0.9	:	430	recht brauchbar
			.837		43 49.8	86.51	2-1	+ 3.1	:	430	Windstörung
			22.816		43 48.9	86.44				2n	
		d	22.796		44 04.6	87.24	1-2	+ 2.9	:	430	unsicher
			23.842		43 56.1	86.70	3-2	+ 2.3	:	430	Windstörung
			.869		44 03.9	86.90	3-2	- 0.2	:	430	gut
			23.502		44 01.5	86.95				3n	
11592AD		GΣ	22.796	22 11.9 +16 57	306 47.4	106.34	1-2	+ 1.4	..	430	mittelmäßig
			.837		306 36.1	106.37	1-2	+ 3.6	..	430	schwierig
			22.816		306 41.8	106.36				2n	
		d	23.845		307 05.6	106.46	2	+ 1.6	..	430	schwierig
			.869		306 58.9	106.31	2	+ 0.3	..	430	brauchbar
			23.857		307 02.2	106.38				2n	
	Br 2937AB	GΣ	21.731	22 13.2 +56 48	14 44.4	127.01	4	+ 3.1	:	430	recht gut
			.742		14 41.4	127.05	3-4	+ 1.8	:	430	recht sicher
			21.736		14 42.9	127.03				2n	
	Br 2937AC	GΣ	21.731	22 13.2 +56 48	201 06.2	83.70	2-3	+ 4.1	:	430	mittelmäßig
			.742		201 03.8	83.99	3-2	+ 2.2	:	430	sehr schwierig
			21.736		201 05.0	83.84				2n	
11669	h 1755	GΣ	25.770	22 19.0 +46 17	8 26.4	48.22	2	+ 2.9	:	430	wenig sicher
			.778		8 24.9	48.18	1	+ 2.6	:	430	sehr unruhig
			25.774		8 25.6	48.20				2n	
11677AB	h 1756	GΣ	24.878	22 19.7 +40 25	286 06.9	22.32	3	+ 0.9	..	430	mittelmäßig
			.900		286 05.7	22.26	2	+ 1.8	..	430	brauchbar
			24.889		286 06.3	22.29				2n	

BDS	Name	Bb	Ep 1900+	1950.0 α	δ	p	s	Bd	t	Auge	Vgr	Bemerkungen
11677AC		GΣ	25.710	$22^h19^m.7$	$+40°25'$	$323°36'.6$	$23''.46$	2	$+ 3^h.5$	..	430	schwierig
			.882			322 47.7	23.19	2	+ 1.7	..	430	sehr schwierig
			25.796			323 12.2	23.32				2n	
11677AD		GΣ	24.900	22 19.7	+40 25	75 22.1	57.91	2	+ 2.3	:	430	mittelmäßig
			25.710			75 43.8	57.56	3-2	+ 2.9	:	430	brauchbar
			.882			75 35.1	57.73	2	+ 2.5	:	430	unruhig
			25.497			75 33.7	57.73				3n	
11690AC	Σ 2900	GΣ	21.748	22 21.2	+20 36	320 20.8	70.95	4	+ 1.1	..	430	recht gut
			.770			320 18.6	70.96	4-3	+ 1.7	..	430	recht sicher
			22.791			320 29.0	71.11	1-2	+ 1.8	..	430	mittelmäßig
			22.103			320 22.8	71.01				3n	
	Br 2959AB	GΣ	21.712	22 25.3	+04 27	212 06.1	96.35	1-2	+ 0.8	:	430	mittelmäßig
			.715			211 59.8	96.10	2-1	+ 0.4	:	430	Uhrwerksstörung
			21.714			212 03.0	96.22				2n	
	Br 2959AC	Btz	21.712	22 25.3	+04 27	242 40.0	180.41	3	+ 0.9	..	430	brauchbar
		GΣ	21.715			242 39.5	180.61	2-1	+ 1.2	..	430	Uhrwerksstörung
			23.742			242 51.6	180.67	2-1	+ 1.8	..	430	zweifelhaft
			22.728			242 45.6	180.64				2n	
11786	β 703	GΣ	25.948	22 29.2	+50 01	293 12.5	36.44	2	+ 3.2	..	430	brauchbar
			.980			294 00.6	36.23	1	+ 3.3	:	430	kaum brauchbar
			25.964			293 36.6	36.34				2n	
11839AB	Σ 2922	GΣ	21.770	22 33.6	+39 23	185 57.8	22.43	3-4	+ 2.5	:	430	sicher
			.772			185 31.2	22.39	4	+ 1.0	:	430	sehr sicher
			21.771			185 44.5	22.41				2n	
		d	22.791			186 02.1	22.58	3-2	+ 2.3	:	430	gut
			.799			185 35.7	22.43	3	+ 1.8	:	430	gut
			22.795			185 48.9	22.50				2n	
11839AC		GΣ	21.770	22 33.6	+39 23	168 31.8	48.60	4-3	+ 3.0	..	430	sicher
			.772			168 25.8	48.74	4-3	+ 1.6	:	430	sicher
			21.771			168 28.8	48.67				2n	
		d	22.791			167 55.2	49.10	3-2	+ 3.2	:	430	brauchbar
			.799			168 05.6	48.98	2	+ 2.8	:	430	brauchbar
			22.795			168 00.4	49.04				2n	
11839AD		GΣ	21.770	22 33.6	+39 23	144 03.8	81.73	4	+ 3.5	..	430	sicher
			.772			144 06.8	81.83	3-4	+ 2.2	..	430	mittelmäßig
			21.771			144 05.3	81.78				2n	
		d	22.791			144 08.0	81.87	2-3	+ 3.8	..	430	sicher
			.799			144 06.8	81.89	3-2	+ 3.7	..	430	gut
			22.795			144 07.4	81.88				2n	
11848	h 5529	GΣ	25.778	22 35.2	-04 29	247 36.8	98.26	1	+ 1.0	..	430	unruhig
			.879			247 19.2	98.24	2	+ 0.8	..	430	unruhig
			25.828			247 28.0	98.25				2n	
11877	S 813	GΣ	21.906	22 37.0	+38 48	49 08.7	61.61	4-3	+ 2.1	:	430	Wolken
			.920			49 04.3	61.63	2-3	+ 1.3	:	430	mittelmäßig
			21.913			49 06.5	61.62				2n	
		GΣ	25.778			49 01.9	61.96	1	+ 1.7	:	430	sehr unruhig
			.816			48 56.0	61.80	2	+ 1.3	:	430	wenig sicher
			25.797			48.59.0	61.88				2n	
11905	β ---	GΣ	24.846	22 39.0	+10 34	140 16.2	62.22	3	+ 0.5	:	430	schwierig
			.867			140 11.6	62.09	2-1	+ 1.8	:	430	schwierig
			25.715			140 12.7	62.05	2-1	+ 1.3	..	430	zweifelhaft
			25.143			140 13.5	62.12				3n	
11930	OΣ 477	GΣ	24.778	22 41.3	+45 46	234 51.6	7.61	3-2	+ 2.5	:	430	gut
			.781			235 40.8	7.44	2-1	+ 3.6	:	430	sehr schwierig
			24.780			235 16.2	7.52				2n	
11957AB	h 301	d	24.898	22 44.2	+11 55	107 51.8	11.87	3-2	- 0.4	..	430	recht brauchbar
11957AC		d	24.901	22 44.2	+11 55	14 39.3	145.01	2	+ 2.6	:	430	mittelmäßig

BDS	Name	Bb	Ep 1900+	1950.0 α	δ	p	s	Bd	t	Auge	Vgr	Bemerkungen
11968AC	Σ 2944	GΣ	21.739 .775 21.757	22h45m.3	-04°29'	120°49'.5 120 38.5 120 44.0	47".02 46.96 46.99	4-5 2	+ 0h.4 + 1.2	.. ..	430 430 2n	sehr gut sehr unruhig
	Arg 528	d	24.759 .781 24.770	22 48.9	+13 42	336 07.2 336 10.1 336 08.6	199.21 199.30 199.26	2 2-1	+ 1.7 + 1.2	: :	260 260 2n	recht brauchbar sehr schwierig
12068AB	Σ 2960	GΣ	24.032 .038 24.035	22 54.1	+41 20	344 53.9 344 44.1 344 49.0	27.45 27.58 27.52	2 1	+ 2.5 + 2.5	.. :	430 430 2n	brauchbar zweifelhaft
12068AC		GΣ	24.032 .038 24.035	22 54.1	+41 20	47 45.9 47 33.6 47 39.8	62.56 62.87 62.72	2-3 1	+ 3.0 + 3.3	: :	430 430 2n	recht sicher zweifelhaft
12090AB-C	OΣ 536	d	24.759 .778 24.768	22 56.0	+09 06	83 36.3 83 39.4 83 37.8	233.80 233.74 233.77	2-3 3	+ 2.2 + 0.8	.. ..	260 260 2n	Dunst brauchbar
12090AB-D		d	24.860	22 56.0	+09 06	112 04.7	174.45	2-3	+ 1.8	..	260	recht brauchbar
12134AB	h 1842	GΣ	24.024 .700 .780 .791 24.574	23 01.4	+27 49	210 34.6 210 17.3 210 46.6 210 30.4 210 32.2	108.24 108.51 108.98 108.70 108.61	1 2-3 2-3 2	+ 3.1 + 0.8 + 1.8 + 2.9	: : : :	430 430 260 430 4n	sehr schwierig mittelmäßig brauchbar schwierig
12134AC		GΣ	24.780 .791 24.786	23 01.4	+27 49	98 03.0 98 01.4 98 02.2	253.12 253.10 253.11	2 2-3	+ 2.3 + 3.5	.. ..	260 260 2n	brauchbar brauchbar
12179	h 1849	GΣ	24.903 25.710 .860 25.491	23 05.4	+46 06	347 06.4 346 56.5 347 15.2 347 06.0	48.32 48.34 48.10 48.25	2 3-4 1-2	+ 1.4 + 1.6 + 3.2	: : ..	430 430 430 3n	brauchbar sicher schwierig
12188	Σ 2982	GΣ	23.671 .685 .688 23.681	23 07.0	+08 24	197 47.1 197 39.0 197 47.0 197 44.3	32.76 32.99 33.01 32.92	2 2-1 2	+ 1.2 + 0.7 + 2.3	: : :	430 430 430 3n	mittelmäßig unsicher brauchbar
	GC 32305	d	24.811 .822 24.816	23 09.4	+26 35	294 56.1 295 00.3 294 58.2	229.08 228.96 229.02	2 2-3	+ 1.7 - 0.9	.. ..	260 260 2n	brauchbar recht gut
	Br 3077	GΣ	21.753 .759 21.756	23 10.9	+56 54	217 46.5 217 52.2 217 49.3	124.17 124.35 124.26	2-3 3	+ 1.6 + 1.8	.. ..	430 430 2n	mittelmäßig brauchbar
12257A-BC	Σ12 AppII	GΣ	23.693 .696 23.694	23 13.3	-09 22	312 13.5 311 53.5 312 03.5	49.56 49.67 49.62	2 2-1	+ 0.2 - 0.2	: ..	430 430 2n	wenig sicher mittelmäßig
12257AD		d	24.811 .814 24.812	23 13.3	-09 22	274 06.2 274 15.2 274 10.7	80.38 80.36 80.37	2-1 2	+ 0.6 - 0.5	.. ..	430 430 2n	schwierig recht brauchbar
12257BC-E		d	24.814 .822 .899 24.845	23 13.3	-09 22	340 46.6 340 07.4 341 28.5 340 47.5	19.86 19.51 19.83 19.73	2-3 2-1 2-3	+ 0.2 - 0.2 + 1.3	: : :	430 430 430 3n	recht brauchbar schwierig gut
12292	Σ 2998	GΣ	23.860 .879 23.870	23 16.4	-13 44	348 31.2 347 35.8 348 03.5	13.23 13.06 13.14	1-2 2-1	+ 0.2 + 1.0	: :	430 430 2n	schwierig mittelmäßig
12305AB	OΣ(App)244	GΣ	21.718 .737 21.728	23 17.3	+48 06	299 49.0 299 45.2 299 47.1	86.17 86.18 86.18	3 2-3	+ 1.0 + 0.9	.. ..	430 430 2n	brauchbar mittelmäßig
12305AC		GΣ	21.718 .737 21.728	23 17.3	+48 06	104 48.1 104 43.4 104 45.8	134.88 134.76 134.82	3 3-2	+ 1.6 + 1.6	.. ..	430 430 2n	brauchbar brauchbar

BDS	Name	Bb	Ep 1900+	1950.0 α	δ	p	s	Bd	t	Auge	Vgr	Bemerkungen
	Br 3099	GΣ	21.709	$23^h18^m.5$	$+37°55'$	256°22'.3	121".53	3-2	$-0^h.3$	..	430	brauchbar
			.712			256 20.3	121.69	3-2	+ 0.4	..	430	brauchbar
			21.710			256 21.3	121.61				2n	
12317AC	Σ 3006	GΣ	32.882	23 18.8	+35 09	18 45.6	77.70	1-2	+ 4.8	:	430	brauchbar
			.912			18 31.2	77.84	2-3	+ 1.3	:	430	recht sicher
			32.897			18 38.4	77.77				2n	
12332AC	Σ 3007	Btz	21.709	23 20.3	+20 17	317 21.8	80.92	3-2	+ 0.1	:	430	brauchbar
			.712			317 20.6	80.86	3-4	+ 0.7	:	430	sicher
			21.710			317 21.2	80.89				2n	
12369	S 830	GΣ	21.718	23 24.4	+00 59	344 02.2	163.42	2	+ 0.2	:	430	sehr unruhig
			.739			344 05.0	163.47	5	+ 0.3	:	430	ausgezeichnet
			21.728			344 03.6	163.44				2n	
12404AB-C	Σ 3018	GΣ	25.704	23 27.9	+30 34	203 39.6	18.93	3	+ 2.4	:	830	brauchbar
			.748			203 31.8	19.01	2-3	+ 1.0	:	580	Uhrwerksstörung
			26.030			203 06.0	19.14	1	+ 2.0	:	430	sehr schwierig
			25.827			203 25.8	19.03				3n	
	Br 3141	Btz	21.709	23 35.1	+16 33	33 38.2	96.96	1-2	+ 0.8	:	430	sehr unruhig
			.712			33 41.6	96.88	2-3	+ 1.0	:	430	brauchbar
			21.710			33 39.9	96.92				2n	
		GΣ	23.715			33 43.3	96.84	1	+ 1.2	:	430	wenig sicher
			.742			33 43.0	96.89	2-1	+ 1.3	:	430	unsicher
			23.728			33 43.2	96.86				2n	
	FK_3 890	GΣ	23.863	23 35.1	+46 11	87 19.9	216.30	1	+ 2.9	:	260	unsicher
	GC 32832		.986			87 16.7	216.66	1-2	+ 3.3	:	260	unsicher
			24.021			87 15.7	216.16	2	+ 2.9	:	260	sehr schwierig
			.076			87 15.4	216.79	2-3	+ 3.3	:	260	schwierig
			23.986			87 16.9	216.48				4n	
12497AB	h 1898	GΣ	23.827	23 37.9	+44 03	193 55.5	46.83	2-3	+ 1.0	:	430	mittelmäßig
			.840			194 07.0	46.72	2	+ 2.3	:	430	schwierig
			23.834			194 01.2	46.78				2n	
12497AC		GΣ	23.827	23 37.9	+44 03	294 16.4	106.94	2-3	+ 1.6	:	430	recht gut
			.840			294 16.8	106.96	1-2	+ 3.9	:	430	mittelmäßig
			23.834			294 16.6	106.95				2n	
	GC32947AB	d	24.874	23 41.0	+57 48	213 14.6	109.84	1	+ 1.7	:	430	brauchbar
	GC32947AC	d	24.874	23 41.0	+57 48	142 59.6	119.62	2	+ 2.4	..	430	recht gut
12563AB	Σ 3041	GΣ	21.920	23 45.3	+16 47	352 41.1	66.32	2	+ 1.3	:	430	brauchbar
			.923			352 36.6	66.22	1	+ 0.7	:	430	ganz unsicher
			.736			352 36.8	66.31	2	+ 0.3	:	430	wenig sicher
			21.860			352 38.2	66.28				3n	
12701AC	OΣ ---	GΣ	21.709	23 59.5	+26 49	332 49.6	60.89	2	0	:	430	brauchbar
			.712			332 52.4	60.99	2-3	+ 1.0	:	430	brauchbar
			21.710			332 50.9	60.94				2n	

PUBLIKATIONEN DES ASTROPHYSIKALISCHEN OBSERVATORIUMS ZU POTSDAM

Band 29

Heft 4 WALTER GROTRIAN
Polaritäten und Maximalwerte magnetischer Feldstärken von Sonnenflecken in den Jahren 1946—1951
1953. X, 158 Seiten — 479 Abbildungen — 4° — DM 36,—

Heft 5 W. HASSENSTEIN
Photometrische Beobachtungen von veränderlichen Sternen am Astrophysikalischen Observatorium Potsdam in den Jahren 1921—1940
1954. 31 Seiten — 4° — DM 12,—

Band 30

Heft 1 WALTER GROTRIAN und Mitarbeiter
Polaritäten und Maximalwerte magnetischer Feldstärken von Sonnenflecken in den Jahren 1952—1953
1956. 42 Seiten — 6 Abbildungen — 4° — DM 9,50 (vergriffen)

Heft 2 HERIBERT SCHNELLER
Tafeln zur Berechnung der Elemente von randverdunkelten Bedeckungsveränderlichen
1959. XXIII, 118 Seiten — 4° — DM 29,—

Heft 3 U. GÜNTZEL-LINGNER
Photographische Messungen von Doppelsternen von 1953. 3 bis 1957. 6
1962. II, 70 Seiten — 4° — DM 18,—

Heft 4 G. BÖTTGER
Photographische Doppelsternmessungen mit dem Astrographen des Astrophysikalischen Observatoriums Potsdam
1962. 37 Seiten, mit Inhaltsverzeichnis für Band 30 — 4° — DM 8,40

Bestellungen durch eine Buchhandlung erbeten

A K A D E M I E - V E R L A G · B E R L I N

MIX
Papier | Fördert gute Waldnutzung
FSC® C083411

Zeitfracht Medien GmbH
Ferdinand-Jühlke-Straße 7
99095 Erfurt, Deutschland
produktsicherheit@kolibri360.de